U0351262

国家出版基金项目
NATIONAL PUBLICATION FOUNDATION

"十三五"国家重点出版物出版规划项目

中国生态环境演变与评估

中国典型区域城市化过程及其生态环境效应

周伟奇　钱雨果　等　著

科学出版社
龙门书局
北京

内 容 简 介

本书针对中国30年来的快速城市化进程，以遥感数据为主，辅以地面调查和长期生态系统监测数据，通过构建评价指标体系，从国家、区域和城市三个尺度，定量地评估了1980~2010年中国城市化进程及其对生态环境的影响。分析比较了不同区域和城市的发展模式、驱动机制，及其对生态环境的影响，探讨了我国快速城市化下的生态环境保护策略与建议。

本书适合从事城市生态学、环境科学、城市规划与管理等专业的科技和管理人员，以及高校相关专业的本科生、研究生阅读。

图书在版编目(CIP)数据

中国典型区域城市化过程及其生态环境效应 / 周伟奇等著. —北京：科学出版社，2017.4

（中国生态环境演变与评估）

"十三五"国家重点出版物出版规划项目 国家出版基金项目

ISBN 978-7-03-051705-0

Ⅰ．①中… Ⅱ．①周… Ⅲ．①城市化–城市环境–生态环境–环境效应–研究–中国 Ⅳ．①X321.2

中国版本图书馆 CIP 数据核字（2017）第 023619 号

责任编辑：李 敏 张 菊 王 倩／责任校对：邹慧卿
责任印制：肖 兴／封面设计：黄华斌

科学出版社 出版

北京东黄城根北街 16 号
邮政编码：100717
http://www.sciencep.com

中国科学院印刷厂 印刷

科学出版社发行 各地新华书店经销

*

2017 年 4 月第 一 版 开本：787×1092 1/16
2017 年 4 月第一次印刷 印张：15 1/4
字数：400 000

定价：168.00 元
（如有印装质量问题，我社负责调换）

《中国生态环境演变与评估》编委会

《中国典型区域城市化过程及其生态环境效应》编委会

主　笔　周伟奇

副主笔　钱雨果

成　员　(按汉语拼音排序)

陈　向　董家华　傅　斌　韩立建

胡潇方　焦　敏　焦伟利　李　锋

李伟峰　陶　宇　田韫钰　王　佳

王　静　王　坤　肖荣波　颜景理

虞文娟　张　赛　张淑平　赵娟娟

郑　重

总　序

我国国土辽阔，地形复杂，生物多样性丰富，拥有森林、草地、湿地、荒漠、海洋、农田和城市等各类生态系统，为中华民族繁衍、华夏文明昌盛与传承提供了支撑。但长期的开发历史、巨大的人口压力和脆弱的生态环境条件，导致我国生态系统退化严重，生态服务功能下降，生态安全受到严重威胁。尤其 2000 年以来，我国经济与城镇化快速的发展、高强度的资源开发、严重的自然灾害等给生态环境带来前所未有的冲击：2010 年提前 10 年实现 GDP 比 2000 年翻两番的目标；实施了三峡工程、青藏铁路、南水北调等一大批大型建设工程；发生了南方冰雪冻害、汶川大地震、西南大旱、玉树地震、南方洪涝、松花江洪水、舟曲特大山洪泥石流等一系列重大自然灾害事件，对我国生态系统造成巨大的影响。同时，2000 年以来，我国生态保护与建设力度加大，规模巨大，先后启动了天然林保护、退耕还林还草、退田还湖等一系列生态保护与建设工程。进入 21 世纪以来，我国生态环境状况与趋势如何以及生态安全面临怎样的挑战，是建设生态文明与经济社会发展所迫切需要明确的重要科学问题。经国务院批准，环境保护部、中国科学院于 2012 年 1 月联合启动了"全国生态环境十年变化（2000—2010 年）调查评估"工作，旨在全面认识我国生态环境状况，揭示我国生态系统格局、生态系统质量、生态系统服务功能、生态环境问题及其变化趋势和原因，研究提出新时期我国生态环境保护的对策，为我国生态文明建设与生态保护工作提供系统、可靠的科学依据。简言之，就是"摸清家底，发现问题，找出原因，提出对策"。

"全国生态环境十年变化（2000—2010 年）调查评估"工作历时 3 年，经过 139 个单位、3000 余名专业科技人员的共同努力，取得了丰硕成果：建立了"天地一体化"生态系统调查技术体系，获取了高精度的全国生态系统类型数据；建立了基于遥感数据的生态系统分类体系，为全国和区域生态系统评估奠定了基础；构建了生态系统"格局-质量-功能-问题-胁迫"评估框架与技术体系，推动了我国区域生态系统评估工作；揭示了全国生态环境十年变化时空特征，为我国生态保护与建设提供了科学支撑。项目成果已应用于国家与地方生态文明建设规划、全国生态功能区划修编、重点生态功能区调整、国家生态保护红线框架规划，以及国家与地方生态保护、城市与区域发展规划和生态保护政策的制定，并为国家与各地区社会经济发展"十三五"规划、京津冀交通一体化发展生态保护规划、京津冀协同发展生态环境保护规划等重要区域发展规划提供了重要技术支撑。此外，项目建立的多尺度大规模生态环境遥感调查技术体系等成果，直接推动了国家级和省级自然保护区人类活动监管、生物多样性保护优先区监管、全国生态资产核算、矿产资源开发监管、海岸带变化遥感监测等十余项新型遥感监测业务的发展，显著提升了我国生态环境保护管理决策的能力和水平。

《中国生态环境演变与评估》丛书系统地展示了"全国生态环境十年变化（2000—2010 年）调查评估"的主要成果，包括：全国生态系统格局、生态系统服务功能、生态环境问题特征及其变化，以及长江、黄河、海河、辽河、珠江等重点流域，国家生态屏障区，典型城市群，五大经济区等主要区域的生态环境状况及变化评估。丛书的出版，将为全面认识国家和典型区域的生态环境现状及其变化趋势、推动我国生态文明建设提供科学支撑。

因丛书覆盖面广、涉及学科领域多，加上作者水平有限等原因，丛书中可能存在许多不足和谬误，敬请读者批评指正。

《中国生态环境演变与评估》丛书编委会

2016 年 9 月

前　言

2000～2010 年，是我国社会经济、城市化快速发展的十年，也是我国生态环境受人类活动干扰不断加剧，但同时国家对生态环境建设和改善的投入不断增加的十年。2012年，经国务院批准，环境保护部和中国科学院联合启动并实施了"全国生态环境十年变化（2000—2010 年）调查评估"重大专项项目，目标是全面掌握 2000～2010 年全国生态环境质量的基本状况及其变化的特点和规律，为加强国家宏观生态环境管理和新时期环境保护工作提供科技支撑。其中，重大专项设置了"重点城市化区域生态环境十年变化调查与评估"专题项目，在专题下设置了"京津冀城市群生态环境三十年变化调查与评估""长三角城市群生态环境三十年变化调查与评估""珠三角城市群生态环境三十年变化调查与评估""长株潭城市群生态环境三十年变化调查与评估""成渝城市群生态环境三十年变化调查与评估""武汉城市群生态环境三十年变化调查与评估""全国城市化及生态环境影响综合评估"等 7 个课题。本书综合集成了 7 个课题的研究结果，从全国地级市、典型城市群以及重点城市三个层面解析了 2000～2010 年的城市化进程、生态系统格局与变化、生态环境质量特征与演变、资源环境效率，以及城市化对生态环境质量的影响，并为我国新型城镇化的城市群构建与可持续发展战略的实施提出了政策建议。

本书以全国地级市、6 个典型城市群（京津冀、长三角、珠三角、长株潭、成渝、武汉）以及 17 个重点城市（北京、天津、唐山、上海、苏州、无锡、常州、杭州、南京、广州、佛山、东莞、深圳、长沙、重庆、成都、武汉）为研究对象，以遥感数据为主，辅以地面调查和长期生态系统监测数据，通过构建评价指标体系，从国家（地级市为分析单元）、区域（6 个城市群）和城市（17 个重点城市）三个尺度，定量地评估中国的城市化进程及其对生态环境的影响。针对国家尺度，主要利用统计数据比较不同规模城市、不同区位城市和不同功能定位城市的城市化差异及其对生态环境影响的特征；针对城市群，利用中等分辨率遥感数据对比分析 1984～2010 年 6 个城市群的城市化强度、生态质量、环境质量、资源环境利用效率和生态环境胁迫的时空特征与演变；针对重点城市，利用高空间分辨率遥感数据，阐明 2000～2010 年 17 个重点城市主城区扩张及其内部格局特征与演变，并揭示重点城市城市化的生态环境效应。

本书共 8 章。第 1～2 章分别阐述全国整体及 6 个典型城市群的城市化背景及生态环境概况；第3~4章主要阐述研究方法，其中第3章侧重调查评估的总体技术路线和指标体系，第4章详述各指标的具体计算方法；第5~7章分别从全国、典型城市群及重点城市三个尺度阐明城市化进程及其影响因素、生态质量特征与演变、环境质量及资源环境利用效率和生态环境胁迫；第8章从三个尺度概括总结中国的城市化进程及其生态环境效应，并针对国家、区域和城市的发展模式提出政策建议。

专题项目的实施和本书的编写过程得到中国科学院和环境保护部等有关部门以及众多不同领域专家的大力支持和悉心指导，尤其是项目首席科学家、丛书主编欧阳志云研究员和王桥研究员对本书架构和内容提出很多宝贵的建议，谨以此向他们表示诚挚的谢意！

由于作者研究领域和学识所限，书中还有诸多不足之处，恳请读者朋友们不吝赐教，我们将在今后的工作中不断改进。

作　者

2016 年 10 月

目　　录

|第1章| 中国快速城市化及主要
生态环境问题概况

改革开放以来,随着经济的快速发展,我国的城市化进程逐渐加快:城市人口比例逐年提高,城市用地明显增加,城市产业结构也有显著调整;不同地区基于各自不同的发展定位,形成各具特色的城市群发展模式。城市与城市群的快速发展,也带来一系列的生态环境问题:目前,我国众多的城市面临空气污染严重、水体污染严重和水资源匮乏、生态系统退化和生态质量低下等生态环境问题(李双成等,2009)。

本章从全国城市化和生态环境变化两个方面介绍中国快速城市化的背景,回顾1980年以来我国城市和城市群的发展历程及所面临的生态环境挑战:从全国和城市群两个尺度,介绍中国人口、经济、土地城市化特征;从环境质量、资源利用效率、区域生态环境胁迫、生态环境保护治理等角度简述我国的生态环境变化及其应对策略。

1.1 城市化特征

新中国成立以来,尤其是改革开放以来,我国经历了快速的城市化发展。随着城市化的逐渐加快,我国的城市建设从最初的经济协作区、开发区和产业集群等模式,发展为以城市群为主体的城市化发展模式。《国家新型城镇化规划(2014~2020年)》进一步明确指出城市群的发展模式是未来我国城市化发展的主体模式。本节首先简要回顾了城市群发展的三个阶段,进而从全国和城市群两个尺度,介绍全国和10个典型城市群城市化的发展历程,以及城市化过程中人口、经济、土地三个方面的变化特征。

1.1.1 城市群发展

城市群是一定地域范围内,多个城市依托发达的交通、通信等基础设施网络,形成的在经济上有紧密联系、功能上有分工合作的城市集合体。单个城市群对地方及区域经济有重要影响,多个城市群进一步构成的国家层面经济圈,可对整个国家乃至世界经济产生重大影响(顾朝林,2011)。我国城市群的发展始于改革开放初期,大致可划分为三个阶段:20世纪80年代初期,以区域合作和乡镇企业发展为代表的城市群萌芽阶段;20世纪90年代,以开发区和产业集群为代表的城市群成长阶段;21世纪以来,以城镇化和区域协调发展战略为代表的城市群发展阶段(方创琳,2011,2012)。

（1）城市群萌芽阶段

城市群的萌芽阶段始于20世纪80年代初。改革开放初期，我国经济体制的改革重点转向城市。《中共中央关于经济体制改革的决定》强调，"城市是我国经济、政治、科学技术、文化教育的中心，是现代工业和工人阶级集中的地方"。国家希望通过城市的辐射作用，带动区域经济的快速协调发展，并开始设立经济特区（1980年设立深圳、珠海、汕头和厦门为第一批经济特区）、经济技术开发区（大连经济技术开发区、上海闵行经济技术开发区等）。以开发区享有的对外开放政策吸引外资、兴办企业、提高工业化水平，促进我国工业化和城市化的有机结合，扩大城市的地域空间和发展规模，并促进城市空间结构的调整（张晓平，2002）。

（2）城市群成长阶段

20世纪90年代后，我国已经建立了100多个区域经济合作组织，如环渤海经济区（杨海田，1986）、长江沿岸城市经济协调会（邓小文，1998）等。这些区域经济合作组织的出现为我国城市群的形成奠定了基础。对此，学术界提出城市经济圈的概念："以一个或多个经济较发达并具有较强城市功能的中心城市为核心，包括与其有经济内在联系的若干周边城镇，经济吸引和经济辐射能力能够达到并能促进相应地区经济发展的最大地域范围。"其中较为典型的城市经济圈有京津冀都市圈（京津冀城市群雏形）、大上海都市圈（长江三角洲城市群雏形）等。

"九五"（1996～2000年）计划提出，"在已有经济布局的基础上，以中心城市和交通要道为依托"，逐步形成长三角、环渤海、东南沿海等7个跨省域的经济区域。国家希望形成以大中城市为核心，以不同规模的开放式、网络型的经济区为依托的发展体系，通过不同城市之间的协调发展带动区域的经济发展。20世纪90年代后期，开发区和产业集群的快速发展进一步加强了大城市的规模和实力，推动了我国城市化和区域经济发展。

（3）城市群发展阶段

21世纪以来，我国城市群进入快速发展阶段，国家也明确提出"城市群"的概念。"十五"期间（2001～2005年），我国提出符合我国国情的城镇化发展战略，"有重点地发展小城镇，积极发展中小城市，完善区域性中心城市功能，发挥大城市的辐射带动作用，引导城镇密集区的有序发展"。期间，我国小城镇数量明显增加，城镇密集区的层级结构得到完善与发展。城市之间的资源、人才、信息和技术交流日益频繁，形成更大空间范围内的城镇密集区。"十一五"期间（2006～2010年），我国继续实施城镇化战略和城乡区域协调发展战略。《"十一五"规划纲要》要求，用"城市群"概念替代"城镇密集区"概念，"把城市群作为推进城镇化的主要形态"。到2010年，我国已经形成长三角、珠三角、京津冀、山东半岛、辽东半岛、海峡西岸、长株潭等15个达标城市群（张皓雯，2015），此外还有其他大小不等、规模不一、发育程度不同的城市群。

2014年3月，中共中央、国务院颁布《国家新型城镇化规划（2014—2020年）》，明确规定以城市群的发展模式作为我国城市化发展的主体形态，优化提升东部地区城市群的同时，培育发展中西部地区城市群，推动国土空间均衡开发，引领区域经济发展。2016年3月，《中国国民经济和社会发展第十三个五年规划纲要》提出，坚持城市群为主体形态的城市发展战略，优化城镇布局与形态。"十三五"规划指出，要"优化提升东部地区城市群，建设京津冀、长三角、珠三角等世界级城市群。提升山东半岛、海峡西岸城市群开放竞争水平。培育中西部地区城市群，发展壮大东北地区、中原地区、长江中游、成渝地区、关中平原城市群，规划引导北部湾、山西中部、呼包鄂榆、黔中、滇中、兰州–西宁、宁夏沿黄、天山北坡城市群发展，形成更多支撑区域发展的增长极。促进以拉萨为中心、以喀什为中心的城市圈发展。建立健全城市群发展协调机制，推动跨区域城市间产业分工、基础设施、生态保护、环境治理等协调联动，实现城市群一体化高效发展"。

截至 2015 年，我国已有 20 多个处于不同发展阶段的城市群。其中包括发展较为成熟的城市群，如长三角城市群、京津冀城市群、珠三角城市群，以及粗具规模和辐射带动能力的城市群，如长株潭城市群、成渝城市群、武汉城市群等。然而，我国城市群虽然已经快速发展壮大，但普遍存在"重形态建设、轻实质发展"的问题，"多数城市群只是空间分布上相对集中的'一群城市'"，并没有真正在功能定位及经济发展方面实现优化合作（樊杰，2014）。

1.1.2 人口城市化

城市人口增加是城市化过程最为显著的特征。我国城市人口通常指城镇人口或非农业人口。城镇人口是指居住在城市和集镇的人口，非农业人口是指从事农业以外的职业维持生活的人口，以及由他们抚养的人口。城镇人口一般以非农业人口为主，但也包括小部分农业人口（国家统计局城市社会经济调查司，2011）。

1.1.2.1 全国人口变化

我国总人口、城镇人口及非农业人口的数量变化反映了城市化的发展过程（图1-1）。我国

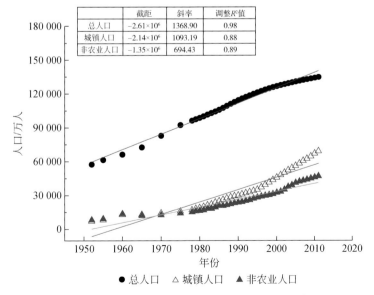

图 1-1 新中国成立以来我国城市人口的变化规律

总人口、城镇人口及非农业人口数量整体都呈增加趋势,但总人口数量的增长速度在20世纪90年代后期开始减缓,非农业人口数量的增长在2000年后也开始减缓,只有城镇人口一直保持非常强的增长趋势,反映出中国人口数量增长放缓,但城市化仍然快速发展的趋势。

新中国成立以来,我国城镇人口占总人口的比例(城镇人口比例)与非农业人口占总人口的比例(非农人口比例)的变化可明显分为两个阶段。新中国成立前后到改革开放之前(1949~1978年)为第一阶段,该阶段城镇人口与非农人口比例稳定在15%左右(图1-2),城镇人口与非农人口比例非常接近,主要是因为当时绝大部分非农业人口集中在城镇,且农业人口不能随意流动。改革开放以后是第二个阶段,城镇人口与非农人口比例迅速增加,城市化进程非常迅速,许多农业人口来到城市,成为新的城镇居民。到2011年,城镇人口比例与非农人口比例从改革开放初期的15%左右分别提高到50%和30%,且城镇人口比例明显超过非农人口比例。

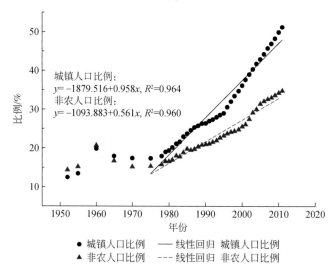

图1-2 新中国成立以来我国城市人口比例的变化规律

1.1.2.2 城市群人口变化

20世纪80年代以来,我国城市群发展逐渐起步,各城市群非农业人口数量呈现上升趋势(图1-3)。80年代,京津冀城市群、长三角城市群及辽中南城市群城市非农业人口数量最多,且高于各城市群均值。随着城市群的发展,京津冀城市群、长三角城市群和珠三角城市群非农业人口数量增加明显,成为全国最大的三个城市群,非农业人口数量高于各城市群均值。特别是珠三角城市群,其非农业人口数量在2000年后增加显著。但是辽中南、中原和长江中游城市群非农业人口数量增加趋势较为平缓(图1-3)。从城市群非农人口数量来看,京津冀和长三角非农业人口数量高于其他城市群,海峡西岸城市群的非农业人口最少(图1-3)。山东半岛、辽中南、川渝、关中、长江中游、中原、海峡西岸城市群非农业人口数量低于城市群均值。

各城市群的非农业人口比例以波动上升的趋势为主(图1-4)。其中,珠三角城市群在2000

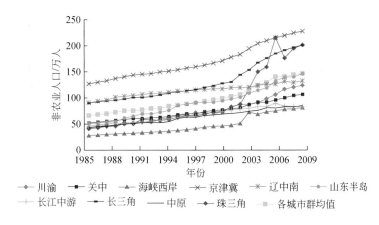

图 1-3   城市群非农业人口均值的变化趋势

年后出现非农人口比例快速上升的现象，川渝城市群则出现较明显的阶段性降低趋势。不同城市群非农人口比例差异较大。辽中南城市群、中原城市群、京津冀城市群、珠三角城市群、长三角城市群高于各城市群均值，川渝和长江中游城市群长期低于其他各城市群。

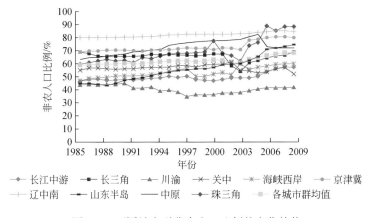

图 1-4   不同城市群非农人口比例的变化趋势

1.1.3 经济城市化

改革开放以来，我国国民经济水平持续上升。1978 年，我国国内生产总值（GDP）为 3650.2 亿元，2014 年我国 GDP 为 636 138.7 亿元；1979 ~ 2014 年的年均增速为 9.7%。人均 GDP 从 1978 年的 382 元增加到 2015 年的 46 629 元，年均增速为 8.6%（中华人民共和国国家统计局，2015）。

经济城市化表现为城市经济水平快速提升，自身产业结构优化，并带动周边区域经济发展。城市群经济一体化的发展模式使得城市群内部各城市合理分工、相互促进、共同发展。大城市发挥自身辐射带动效应，促进中小城市经济发展；中小城市作为大城市快速发展的依托，使大城市经济产业结构进一步得到优化。基于区域经济合作而发展壮大的城市群形成各有特色的经济发展模式和类型。

1.1.3.1 全国城市 GDP 与产业结构变化

从 20 世纪 80 年代末期至今，全国地级以上城市市辖区 GDP 均值呈现指数上升趋势（图 1-5）。市辖区人均 GDP 同样呈现指数上升趋势。增长速度最快的两个时间段分别是 1992~1997 年和 2003~2010 年，年均增长率多在 15% 以上。

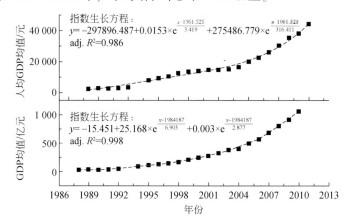

图 1-5　全国各地级以上城市市辖区 GDP 及人均 GDP 均值的变化

城市化推动了经济的蓬勃发展，特别是城市市辖区经济的快速发展。图 1-6 显示了全国地级以上城市市辖区 GDP 占全市的 GDP 的比例。该比例呈现逐渐增加的趋势。其中，1996 年是个转折点，该年相比前一年，增长率最低，市辖区 GDP 占全市 GDP 的比例仅为 50.82%；2006 年是个高点，市辖区 GDP 占全市 GDP 的比例达到 58.27%。2000 年以前，市辖区 GDP 占全市 GDP 的比例为 50%~52%。2000 年后，市辖区 GDP 占全市 GDP 的比例显著提高，整体比例较 2000 年之前的阶段高 5% 左右。

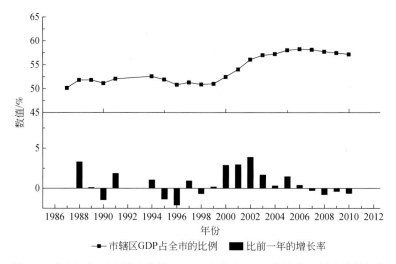

图 1-6　全国地级以上城市市辖区 GDP 占全市 GDP 总量的比例及其增长率

不同时段，全国地级以上城市市辖区 GDP 增长率的分布也有明显差异。"八五"（1991～1995 年）期间，91.9% 的城市市辖区人均 GDP 增长率大于 200%。"九五"（1996～2000 年）期间，有近 40% 的城市人均 GDP 增长率在 10%～50%，另有超 35% 的城市人均 GDP 增长速率在 50%～100%，二者加起来占比 77.1%。"十五"及"十一五"期间各城市市辖区人均 GDP 增长率多在 50%～200%，分别包括 65.4% 和 84.8% 的城市（图 1-7）。总体来看，大部分城市人均 GDP 增长速度较快，尤其以"八五"期间增长速度最快，"九五"期间增长速度略有降低，但"十五"以后增长速度再次上升。

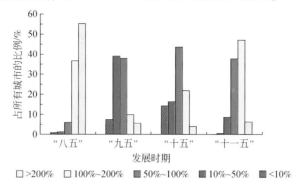

图 1-7　我国不同发展时期各地级以上城市人均 GDP 年均增长率的分布情况

城市化影响着城市经济产业结构的变化，同时产业结构的变化也在一定程度上决定着城市 GDP（特别是市辖区 GDP）的变化。图 1-8 显示了我国各地级以上城市三次产业占比

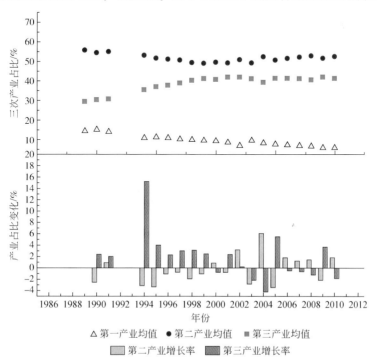

图 1-8　我国地级以上城市三次产业占比及第二产业、第三产业占比变化

变化情况：第一产业 GDP 的比例呈现逐年降低的趋势，第二产业 GDP 占总 GDP 比例呈现先下降后平稳的趋势，第三产业 GDP 占总 GDP 比例的发展趋势呈现前期逐渐上升之后平稳的趋势，说明我国产业结构的调整进入趋势减缓的平台期。

1.1.3.2 城市群 GDP 与产业结构变化

就不同城市群而言，珠三角城市群、长三角城市群和山东半岛城市群的人均 GDP 高于其他城市群（图1-9）。特别是 2000 年以来，3 个城市群的人均 GDP 增加趋势明显加快。川渝城市群、关中城市群、长江中游城市群和中原城市群的人均 GDP 明显低于其他城市群。京津冀城市群、辽中南城市群和海峡西岸城市群人均 GDP 水平接近各城市群均值。

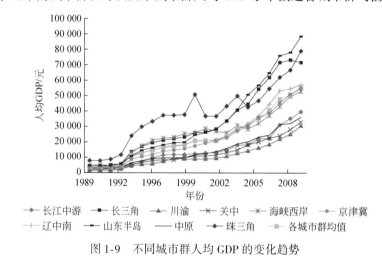

图 1-9　不同城市群人均 GDP 的变化趋势

各城市群市辖区 GDP 占全市 GDP 比例的差别较大（图1-10）。中原城市群市辖区 GDP 占全市 GDP 比例长期低于其他城市群，为 30%～40%。长江中游城市群和珠三角城市群的市辖区 GDP 占全市 GDP 比例在时序上先后显著高于其他城市群，为 70%～80%。从比例变化趋势上来看，大部分城市群市辖区 GDP 占全市 GDP 比例呈现先下降后上升的

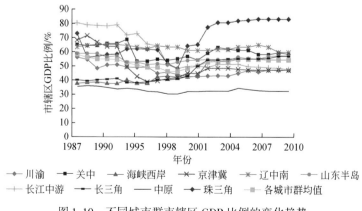

图 1-10　不同城市群市辖区 GDP 比例的变化趋势

趋势。前期比例降低可能体现了市辖区对全市经济的带动作用，后期比例增加体现了市辖区本身经济的快速增长。

不同城市群的第二产业占比随时间发展逐渐接近，早期比例较高的城市群该比例在后期有所降低，比例较低的城市群该比例后期略有升高。辽中南城市群、山东半岛城市群和中原城市群的第二产业 GDP 占比较高，长江中游城市群、海峡西岸城市群和川渝城市群的第二产业 GDP 占比较低（图 1-11）。

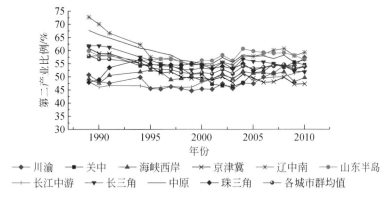

图 1-11　不同城市群第二产业占 GDP 比例的变化趋势

各城市群第三产业占比呈升高趋势。京津冀城市群、海峡西岸城市群和珠三角城市群的第三产业占比较高，山东半岛城市群和川渝城市群的第三产业 GDP 占比较低（图 1-12）。

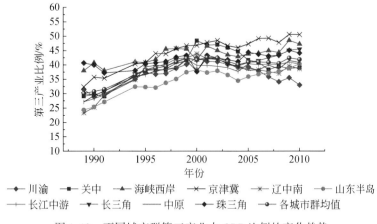

图 1-12　不同城市群第三产业占 GDP 比例的变化趋势

1.1.4　土地城市化

土地城市化是指自然土地向城市用地的转化过程，是城市化最为明显的特征（吕萍等，2008；田莉，2011）。通常采用建成区面积或建设用地面积来表征土地城市化程度。

1.1.4.1 全国建成区与建设用地面积变化

1981 年以来，我国建成区面积及建设用地面积呈增加趋势，线性拟合的调整后 R^2 值分别为 0.982 和 0.956。全国建成区面积从 1981 年的 7438km² 增长到 2011 年的 43 603.2km²，面积增长接近 4.9 倍，年均增长幅度在 0.7%～13.4%。全国建设用地面积从 1981 年的 6720km² 增长到 2011 年的 41 805.3km²，面积增长 5.22 倍。特别是在 1984 年、1994 年和 2006 年，建设用地面积增长幅度最大，均有 15% 以上的增长（图1-13）。

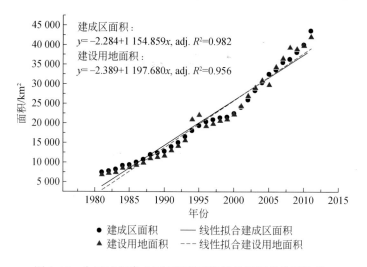

图 1-13 全国城市建成区面积及建设用地面积的发展趋势

全国地级以上城市建成区面积占全国建成区比例在 1984～2010 年呈现波动上升的趋势（图1-14），前期波动较小，后期波动较大。总体变化过程符合线性变化规律，调整后 R^2 达到 0.910。2010 年，该比例达到时段内最高值，为 9.8%（图1-14）。

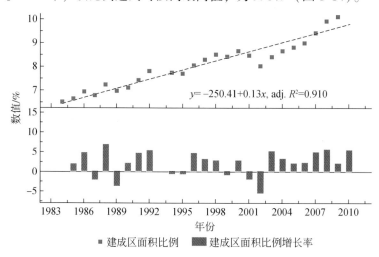

图 1-14 全国地级以上城市建成区面积比例均值的增长趋势

1.1.4.2 城市群建成区比例变化

建成区比例是建成区与整个市区的面积之比。各城市群建成区面积比例差别较大，中原城市群和京津冀城市群该比例高于城市群均值，而川渝城市群、山东半岛城市群和长江中游城市群则低于城市群均值。随着时间的变化，城市群建成区面积比例总体呈现缓慢上升的趋势（图1-15）。

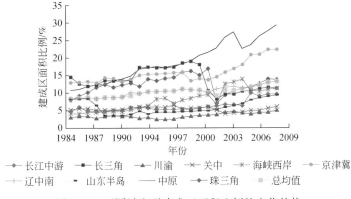

图1-15 不同城市群建成区面积比例的变化趋势

1.2 生态环境变化

随着城市化水平的逐渐提高，城市的生态环境问题日益凸显（方创琳等，2008；李双成等，2009），而且城市对生态环境的影响，远远超出城市的边界范围（Grimm et al.，2008）。随着区域城市化的发展，城市化引起的生态环境问题的区域性特征开始显现（Han et al.，2014），城市群成为生态环境问题高度集中且激化的敏感地区。

1.2.1 生态环境质量

空气和水的质量直接影响人体健康（Brunekreef and Holgate，2002；Wu and Davis，1999），空气质量下降、水环境质量降低是城市化过程引起的、亟待解决的环境问题。在生态质量方面，随着城市发展水平的提升，城市绿色基础设施的建设力度也在逐渐加强。

1.2.1.1 空气质量变化

从近十年空气质量二级以上天数所占比例的发展趋势来看，我国重点城市（环境保护部发布）空气质量呈现改善的趋势。空气质量二级以上天数占全年天数的比例均值从2004年的最低值84.6%，上升到2012年的93%，增长率达到9.9%（图1-16）。从各年份空气质量水平的分布情况来看，过去十年中，多数城市空气质量二级以上天数占到90%以上（图1-16）。

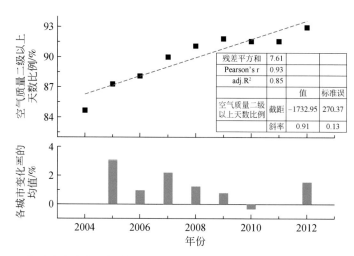

图 1-16　全国重点城市空气质量二级以上天数占全年天数比例的均值及其变化率

从各年份空气质量水平的分布情况来看，过去十年中，空气质量二级以上天数占 44% ~ 86% 的城市比例有明显的减少，而空气质量二级以上天数大于 90% 以上的城市比例有明显的增加（图 1-17）。

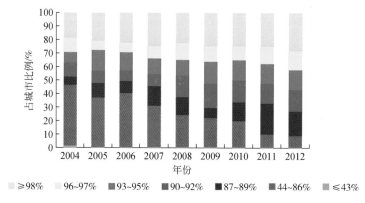

图 1-17　全国重点城市不同范围二级以上天数比例的分布情况

近十年我国典型城市空气污染物浓度呈下降的趋势，其中降低速率最快的是 PM_{10} 浓度，平均每年降低 3%（图 1-18）。在 NO_2、PM_{10} 及 SO_2 这 3 种空气污染物中，浓度最高的污染物是 PM_{10}，达到 0.087 ~ 0.125mg/m^3；其次是 SO_2，达到 0.042 ~ 0.070mg/m^3；而 NO_2 的浓度则相对较低，为 0.033 ~ 0.038mg/m^3。

对均值的变化率进行作图可知，SO_2 浓度在多数年份均有所降低，仅在 2003 年略有上升；降低幅度最大的年份出现在 2009 年，达到 10.9%；降低幅度较高和较低的年份间断出现（图 1-19）。NO_2 浓度各年的变化情况以小幅升高和大幅降低间断出现为主，其中大幅降低的年份有 2002 年、2005 年和 2008 年；小幅上升的情况出现在 2003 年、2004 年、2007 年和 2010 年，上升幅度均在 3.6% 以下。PM_{10} 在多数年份都有所降低，仅在 2010 年出现小幅上升；降低幅度最大的是 2004 年和 2005 年，分别降低 8.3% 和 12.8%。

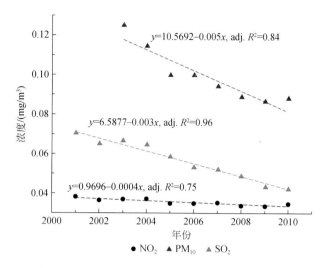

图1-18 我国城市空气污染物浓度均值的发展趋势

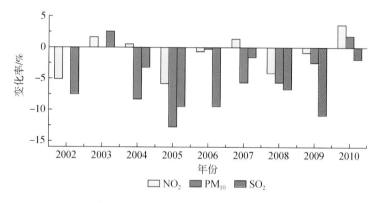

图1-19 空气污染物变化率的发展趋势

多数城市群空气质量二级以上天数占比在2004~2012年基本持平，但关中城市群和中原城市群有增加趋势。珠三角城市群、海峡西岸城市群空气质量二级以上天数的占比最高，接近100%。关中城市群、京津冀城市群和中原城市群该比例较低（图1-20）。

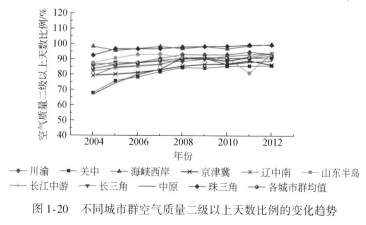

图1-20 不同城市群空气质量二级以上天数比例的变化趋势

不同城市群 SO₂ 浓度的差异前期较大，后期差距缩小（图 1-21）。前期 SO₂ 浓度较高的城市群是关中城市群、京津冀城市群、中原城市群和川渝城市群；后期浓度较高的是中原城市群和山东半岛城市群。珠三角城市群和海峡西岸城市群的 SO₂ 浓度一直较低。不同城市群 SO₂ 浓度的变化规律差别较大，表现为持平、降低或先升后降的趋势，关中城市群以及京津冀城市群的降低趋势最为明显。

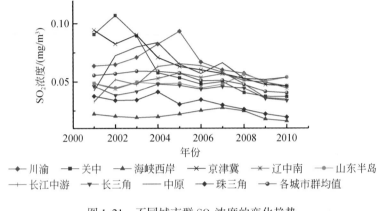

图 1-21　不同城市群 SO₂ 浓度的变化趋势

不同城市群 NO₂ 浓度差异较大，珠三角城市群 NO₂ 浓度较高，山东半岛城市群 NO₂ 浓度较低（图 1-22）。不同城市群的 NO₂ 浓度变化规律差别也较大，珠三角城市群、京津冀城市群以及长三角城市群的 NO₂ 浓度呈下降趋势，山东半岛城市群的 NO₂ 浓度有增加趋势，其他城市群 NO₂ 浓度基本持平。

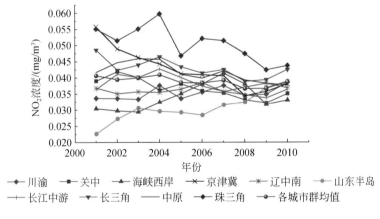

图 1-22　不同城市群 NO₂ 浓度的变化趋势

城市群的 PM₁₀ 浓度整体呈下降趋势（图 1-23），城市群间差异也逐渐减小。中原城市群、关中城市群、辽中南城市群以及京津冀城市群的 PM₁₀ 浓度较高，而珠三角城市群和海峡西岸城市群的 PM₁₀ 浓度较低。

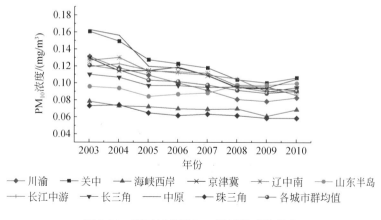

图 1-23　不同城市群 PM$_{10}$浓度的变化趋势

1.2.1.2　水体质量变化

从 2003～2010 年我国城市水质的变化来看，水质达到Ⅱ级或Ⅲ级标准的城市有增多趋势，水质在Ⅳ级和Ⅴ级的城市比例有所降低，说明水体质量有所提升（图 1-24）。水质达到Ⅰ级标准的城市极少，仅占所有城市的 5.0%～6.6%。Ⅱ级水质占城市比例呈现增长趋势，最大值出现在 2010 年，达 34.8%。最高的年份出现在 2003 年，达到 30.4%，该水质级别城市占比逐渐降低，到 2010 年降低为 5.0%。水质达到Ⅲ级标准的城市占比也呈增加趋势，2007 年占比最高，为 28.7%。Ⅳ级水质城市占比从 23.8%～24.3% 降至 18.8%～20.4%。Ⅴ级水质城市占比由 2003 年的 30.4% 降至 2010 年的 5.0%。

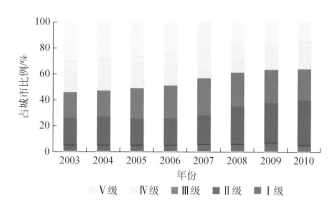

图 1-24　水质达到Ⅲ级以上标准的城市占比变化趋势

我国城市群城市水质达到Ⅲ级以上标准的比例总体有所增加，说明各个城市群水体质量有总体变好的趋势（图 1-25）。其中，长江中游城市群、珠三角城市群和山东半岛城市群水体达标的城市占比最高，而关中城市群、辽中南城市群、海峡西岸城市群等城市群水体达标城市占比较低。

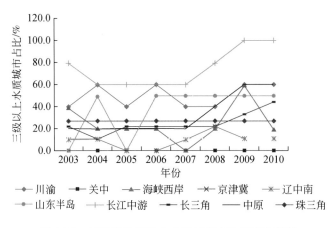

图 1-25　城市群Ⅲ级以上水质城市占比的变化趋势

1.2.1.3　城市绿地变化

近十年来我国城市绿地各项指标均呈线性增长趋势（图 1-26），建成区绿化覆盖率的全国各城市均值从 2001 年的 30.0% 逐渐增长到 2011 年的 39.6%，比 2001 年增长了 32.1%。建成区绿地率的全国各城市均值从 2001 年的 26.0% 逐渐增长到 2011 年的 35.8%，比 2001 年增长了 37.9%。人均公共绿地面积的全国各城市均值从 2001 年的 5.4m^2 增长到 2011 年的 12.3m^2，比 2001 年增长了 129.1%。各指标的各年均值均呈逐年增长趋势。

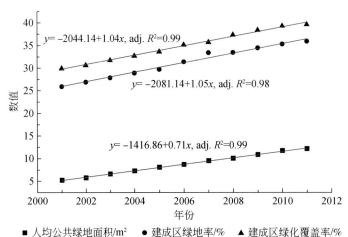

图 1-26　我国城市绿化各项指标的发展趋势

各城市群建成区绿化覆盖率呈逐年上升趋势（图 1-27）。川渝城市群和关中城市群建成区的绿化覆盖率较低，从 20% 增加到 30%。其余城市群的建成区绿化覆盖率比较接近，在 30%～40%。

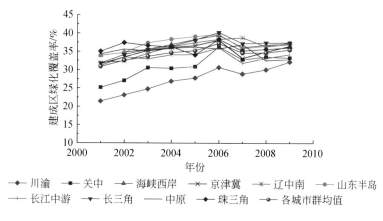

图 1-27 不同城市群建成区绿化覆盖率的变化趋势

各城市群人均公共绿地均有明显上升趋势，山东半岛城市群的人均公共绿地面积增加显著（图 1-28）。山东半岛城市群、长三角城市群、珠三角城市群和京津冀城市群的人均公共绿地面积较大。川渝城市群、关中城市群和中原城市群的人均公共绿地面积较少。

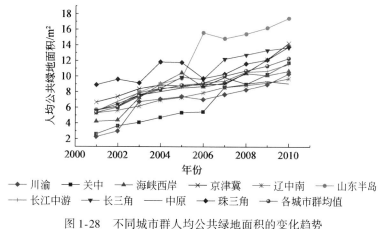

图 1-28 不同城市群人均公共绿地面积的变化趋势

1.2.2 资源利用效率

资源利用效率是指在使用既定资源的情况下，产出与资源消耗的比值。资源利用效率高说明产出效率高且更为环保，利于实现可持续发展。我国经济增长方式逐渐由粗放型向集约型转变，城市群的发展模式产生的规模效应也使得资源利用效率进一步提升（Zhang et al.，2014）。

1.2.2.1 单位土地面积 GDP

近十年来我国各城市单位土地面积 GDP 的均值呈现线性增长趋势（图 1-29）。全国各城市均值的最低值出现在 2002 年，为 2228.0 元/km²；之后逐年增长，至 2011 年增长到

6706.4 万元/km²，比 2002 年增长了 201.0%。

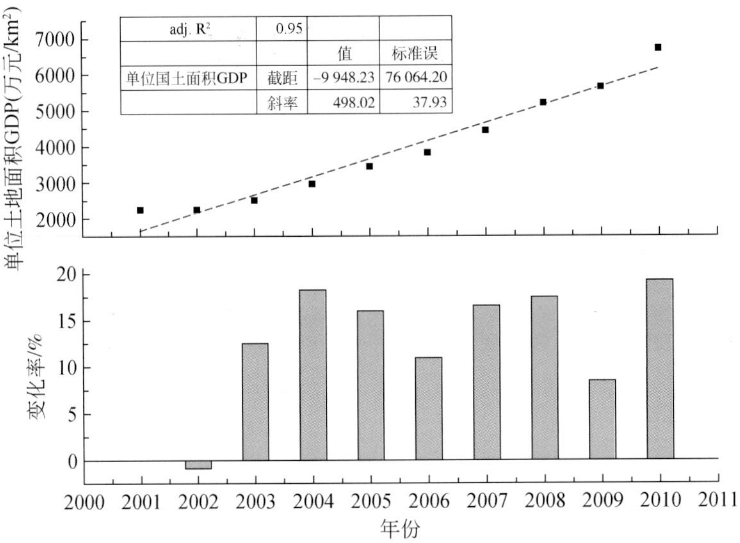

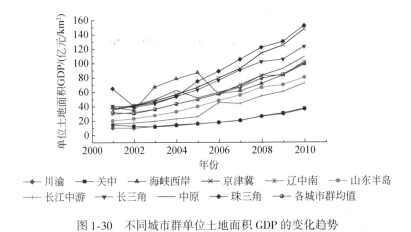

图 1-29 我国城市单位土地面积 GDP 及其变化率的发展趋势

各个城市群单位土地面积 GDP 呈现逐渐增加的趋势（图 1-30）。珠三角城市群、京津冀城市群和长三角城市群的单位土地面积 GDP 长期高于其他城市群。川渝城市群、关中城市群、长江中游城市群和山东半岛城市群的单位土地面积 GDP 低于城市群均值。

图 1-30 不同城市群单位土地面积 GDP 的变化趋势

1.2.2.2 能源消费及其效率

近年来我国各城市总能耗的均值呈线性增长趋势，而单位 GDP 能耗均值则呈线性下降的趋势（图 1-31）。其中单位 GDP 能耗均值的最高值出现在 2005 年，之后从 1.7tce/万元逐年降低到 2011 年的 1.1tce/万元，共降低了 60.8%。总能耗均值从 2005 年的 1093.3 万 tce 增长到 2011 年的 1848.5 万 tce，增长了 40.9%。

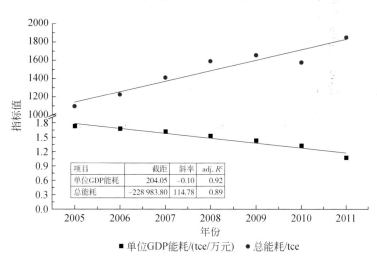

图 1-31　我国城市能效消耗总量及单位 GDP 能耗的发展趋势

对均值的变化率作图可知，单位 GDP 能耗在各年份均出现降低趋势，而总能耗则在 2010 年以外的各年份均出现增长（图 1-32）。总能耗变化率在 2011 年出现最大值，达到 17.19%；其次是 2007 年，达到 15.11%；增长率最低的年份是 2009 年和 2010 年，分别为 4.00% 和 -4.50%。而单位 GDP 能耗的变化率则在各年份均为负值，尤其以 2011 年的值最低，达到 -19.46%；其余年份的值为 -3.30% ~ 6.30%，变化不大。

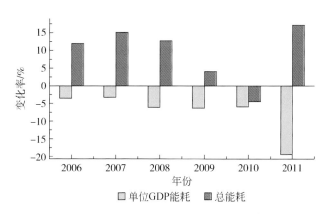

图 1-32　我国城市能效消耗总量及单位 GDP 能耗的变化率

城市群间单位 GDP 能耗差异较大，但所有城市群都呈现单位 GDP 能耗逐年递减的趋势（图 1-33）。关中城市群的单位 GDP 能耗长期高于其他城市群，长三角城市群、珠三角城市群及海峡西岸城市群的单位 GDP 能耗明显低于其他城市群。

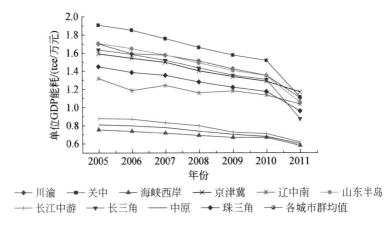

图 1-33　不同城市群单位 GDP 能耗的变化趋势

1.2.2.3　水资源消费及其效率

近十年来我国各城市总供水量呈波状增长趋势，单位 GDP 供水量呈现逐年下降的态势（图 1-34）。

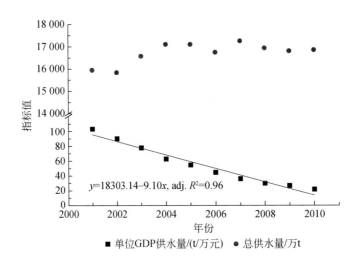

图 1-34　我国城市单位 GDP 供水量及总供水量的发展趋势

对均值的变化率进行作图可知，单位 GDP 供水量的变化率在各年均为负值，而各城市供水总量变化率的均值则有一半年份为正值（图 1-35）。总供水量的变化率普遍较小，仅在 2003 年和 2004 年超过 3%，其他年份则多在 2.9% 以下，最低值出现在 2005 年，仅为 0.07%。单位 GDP 供水量的变化幅度均较大，平均降低幅度达到 15.91%；变化幅度最小的年份 2005 年，变化率也达到了 11.75%；变化幅度最大的年份是 2007 年，各城市平均降低了 20.31%。

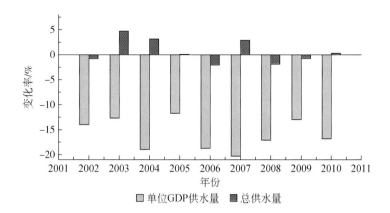

图 1-35 我国城市单位 GDP 供水量及总供水量变化率的发展趋势

不同城市群的水资源利用效率程度不同，单位 GDP 供水量有较大差异，但整体都呈现减少趋势（图 1-36）。长江中游城市群单位 GDP 供水量远大于其他城市群，山东半岛城市群和海峡西岸城市群的单位 GDP 供水量低于其他城市群。

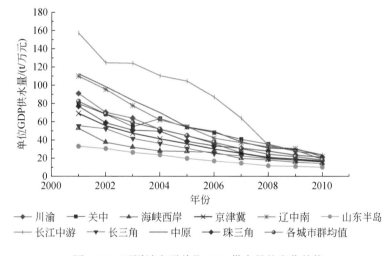

图 1-36 不同城市群单位 GDP 供水量的变化趋势

1.2.3 区域生态环境胁迫

城市化过程中，人类对各种自然资源的使用会对生态环境造成胁迫效应（苗鸿等，2001），使得自然过程在短期内无法修复这些影响，从而对人类、其他生物或生态过程造成影响。对生态环境的胁迫一般通过污染物排放总量、人均排放量及排放强度等指标进行表征。

1.2.3.1 大气环境胁迫

我国大气环境主要污染物包括 SO_2、氮氧化物和烟尘。

（1）全国大气污染物排放情况

SO_2 的总排放量、人均排放量，以及单位土地面积排放强度总体呈现先上升后下降的趋势，拐点出现在 2006 年，体现了我国针对 SO_2 的污染物的排放控制和治理达到一定的效果；氮氧化物的监测记录较少，从 2006 年以后的情况来看，有增加的趋势；而烟尘则表现出较为明显的降低趋势，除了总排放量在前几年略有上升之外，人均排放强度和单位土地面积排放强度基本呈现逐年降低的趋势。

各城市 SO_2 排放总量的均值在 2002 年最低，为 94 928.3t，然后逐年上升，2005 年达到最高值，为 119 668.2t，之后又逐年降低到 2010 年的 98 679.1t（图 1-37）。氮氧化物排放总量则从 2006 年的最高值 105 521.8t，逐渐降低到 2008 年的最低值 80 982.3t，再逐渐上升到 2010 年的 90 695.5t。烟尘排放总量在前几年逐渐上升，到 2005 年达到最高值 49 739.9t，之后又逐渐降低到 2010 年，达到最低值 3270.6t。

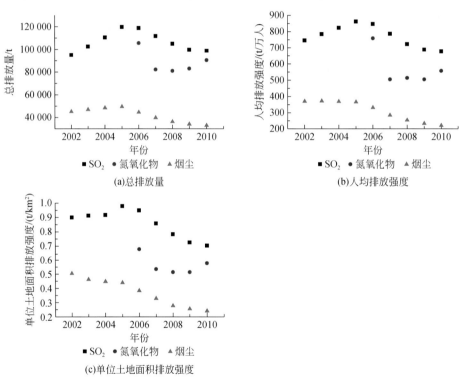

图 1-37　我国城市大气污染物浓度的发展趋势

人均排放强度的发展趋势与总排放量的趋势类似（图 1-37）。各城市 SO_2 人均排放强度的均值在 2002～2005 年逐年上升，达到最高值 864.6t/万人，之后又逐渐降低，在 2010 年达到最低，为 676.1t/万人。各城市氮氧化物人均排放强度的均值在 2006 年出现最大值

758.3t/万人，之后降低到最低值 503.5t/万人，又逐渐上升到 2010 年的 558.8t/万人。各城市烟尘人均排放强度的均值在 2003 年达到最大值 372.3t/万人，之后逐年降低到 2010 年的 220.6t/万人。

各城市 SO_2 单位土地面积排放强度均值从 2002 年逐年上升到 2005 年的最高值，达到 0.98t/km²，之后逐渐降低到 2010 年的最低值 0.70t/km²（图 1-37）。各城市氮氧化物单位土地面积排放强度均值在 2006 年达到最大值 0.68t/km²，之后逐年降低，到 2010 年突然上升到 0.58t/km²。各城市烟尘单位土地面积排放强度从 2002 年的最高值 0.50t/km² 逐年降低到 2010 年的最低值 0.24t/km²。

对均值的变化率作图可知，SO_2 和烟尘的总排放量在 2006 年前的各年均出现增长，在 2006 年及以后的各年均表现为降低；而氮氧化物的总排量则在 2007 年及 2008 年表现为降低趋势，在 2009 年和 2010 年表现为增长趋势（图 1-38）。SO_2 总排放量在 2003～2005 年的增长率最大，达到 7.29%～8.54%；在 2007～2009 年的降低率最大，达到 -4.65%～6.22%。烟尘总排放量在前 3 年的增长率为 2.79%～3.53%；之后出现连续较大幅度的降低，降低幅度为 -7.13%～11.13%。氮氧化物在 2007 年出现最大降低幅度，降低了 22.44%；之后两年变化不大，到 2010 年突然增长了 9.41%。

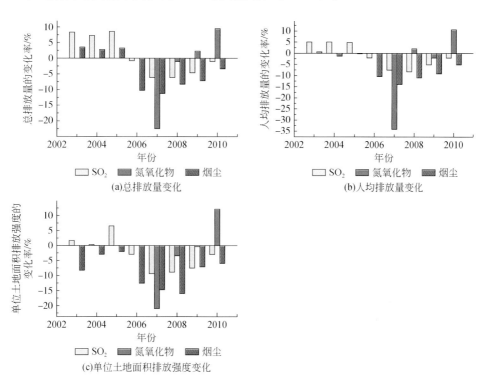

图 1-38 我国城市大气污染物的发展趋势

人均排放量的变化率趋势与总排放量的趋势基本相似（图 1-38）。SO_2 人均排放量在前 3 年出现连续增长，增长幅度为 4.80%～5.19%，之后各年均为降低趋势，其中以

2007～2009年的降低幅度较大，达到4.86%～8.03%。烟尘的人均排放量在2006年之前变化不大，之后在2006～2009年连续出现较大幅度的降低，变化率达到-8.82%～13.63%。氮氧化物在2007年出现较大幅度的降低（-33.60%），在2010年出现较大幅度的上升（10.66%），其他两年的变化幅度很小。

单位土地面积排放强度的发展趋势与人均排放强度的趋势差别不大（图1-38）。SO_2单位土地面积排放强度在前3年同样出现连续增长，增长幅度平均为2.81%，之后各年均为降低趋势，其中以2007～2009年的降低幅度较大，平均每年降低了8.59%。烟尘的单位土地面积排放强度变化率在各年份均为负值，其中以2006～2009年的降低幅度最大，降低率平均达到14.39%。氮氧化物除了在2007年出现较大幅度降低（-20.98%），在2010年出现较大幅度升高（12.27%）之外，另外两年的变化幅度很小。

（2）城市群大气污染物排放情况

各城市群SO_2排放总量呈现先增加后下降的趋势（图1-39）。特别是2006年之后，各个城市群对SO_2排放进行了有效的控制。川渝城市群和京津冀城市群SO_2排放总量显著高于其余城市群。海峡西岸城市群、珠三角城市群和关中城市群SO_2排放量较低。

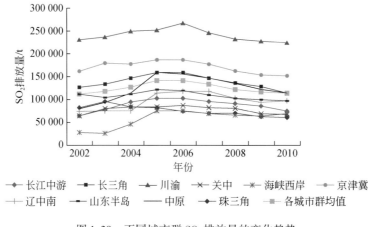

图1-39 不同城市群SO_2排放量的变化趋势

图1-40显示了不同城市群人均SO_2排放强度。特别是2005年之后，各个城市群人均SO_2排放强度呈现下降的趋势。其中中原城市群人均SO_2排放强度远大于其余城市群，而珠三角城市群的人均SO_2排放强度则小于其余城市群。

图1-41显示不同城市群单位土地面积SO_2排放量的变化情况。中原城市群和京津冀城市群单位土地面积SO_2排放强度要高于其余城市群，珠三角城市群的单位土地面积SO_2排放强度较低。十年间，单位土地面积SO_2排放强度变化不明显。

不同城市群氮氧化物的排放量有较大差异，变化趋势也各不相同。京津冀城市群和长三角城市群的氮氧化物排放量较高，珠三角城市群氮氧化物排放量前期较高，后期降低至城市群均值线以下。关中城市群和海峡西岸城市群的氮氧化物排放量较低，但排放量有微弱的增加趋势（图1-42）。

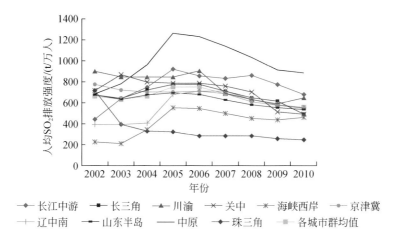

图 1-40　不同城市群人均 SO_2 排放强度的变化趋势

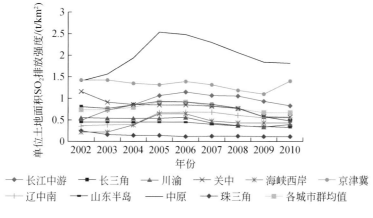

图 1-41　不同城市群单位土地面积 SO_2 排放强度的变化趋势

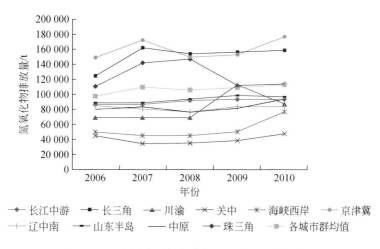

图 1-42　不同城市群氮氧化物总排放量的变化趋势

各城市群人均氮氧化物排放强度的差异较大，变化趋势也各不相同（图1-43）。长三角城市群和中原城市群的人均氮氧化物排放强度较高，川渝城市群、关中城市群和海峡西岸城市群的人均氮氧化物排放强度较低。辽中南城市群、关中城市群、长三角城市群和山东半岛的人均氮氧化物排放强度有略微降低的趋势，长江中游城市群和海峡西岸城市群的人均氮氧化物排放强度有较明显的增加趋势。

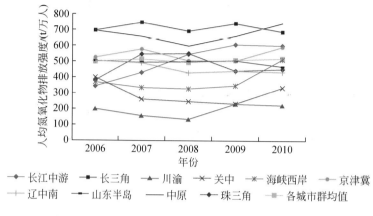

图1-43　不同城市群人均氮氧化物排放强度的变化趋势

各城市群单位土地面积氮氧化物排放强度差异较大，变化趋势也各不相同。中原城市群和京津冀城市群的单位土地面积氮氧化物排放强度明显高于其他城市群，且在后期均有明显增加趋势。川渝城市群、珠三角城市群和关中城市群的单位土地面积氮氧化物排放强度较低（图1-44）。

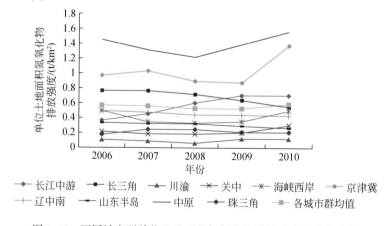

图1-44　不同城市群单位土地面积氮氧化物排放强度的变化趋势

各城市群烟尘排放量差异较大，但排量整体呈下降或持平趋势（图1-45）。初期烟尘排放量较高的川渝城市群、京津冀城市群和中原城市群，其烟尘排放量在后期明显降低。珠三角城市群、海峡西岸城市群、关中城市群、长江中游城市群以及山东半岛城市群的烟尘排放量较少。

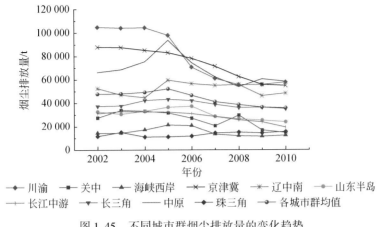

图 1-45　不同城市群烟尘排放量的变化趋势

　　各城市群的人均烟尘排放强度差异较大，但整体均呈下降趋势（图 1-46）。中原城市群的人均烟尘排放强度远高于其他城市群。珠三角城市群、海峡西岸城市群和关中城市群的人均烟尘排放强度较低。京津冀城市群、川渝城市群以及关中城市群的人均烟尘排放强度降低较多。

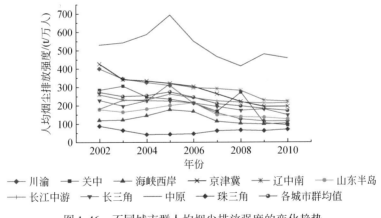

图 1-46　不同城市群人均烟尘排放强度的变化趋势

　　大部分城市群单位土地面积烟尘排放强度接近，在 0.1~0.5t/km² 这个区间（图 1-47）。中原城市群的单位土地面积烟尘排放强度显著高于其他城市群，在 1t/km² 左右。京津冀城市群的单位土地面积烟尘排放强度也比较高，但年际下降趋势明显。珠三角城市群的单位土地面积烟尘排放强度最低。

1.2.3.2　水环境胁迫

　　水环境胁迫主要指标包括污水、工业废水 COD 和生活废水 COD 的排放总量、人均排放强度以及单位土地面积排放强度。

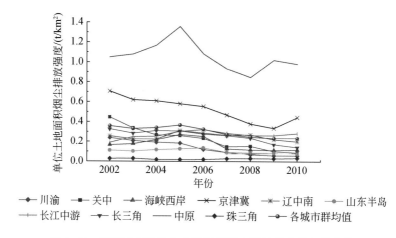

图 1-47　不同城市群单位土地面积烟尘排放强度的变化趋势

（1）全国城市水环境胁迫情况

从近十年来污水、工业废水 COD 和生活废水 COD 的变化趋势来看，我国水环境受胁迫强度呈下降趋势（图 1-48）。

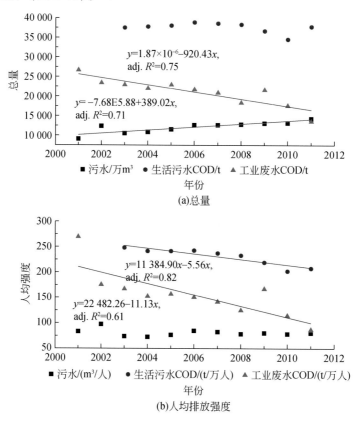

(a)总量

(b)人均排放强度

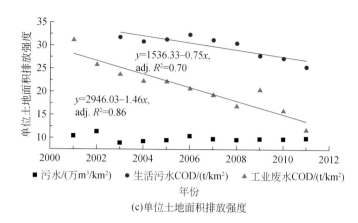

图 1-48　我国城市水环境污染物排放量及排放强度的发展趋势

　　我国污水排放总量均值（污水总量/城市数量）逐年增加，但人均排放强度及单位土地面积排放强度呈稳定状态，年际变化不大。污水排放总量均值变化趋势符合线性方程，调整 R^2 达到 0.71：污水排放总量从 2001 年的 9005.71 万 m^3，上升到 2011 年的 14 206.50 万 m^3，增长了 57.75%。污水单位土地面积排放强度均值总体在 8.85 万 ~ 11.53 万 m^3/km^2 的范围内。污水人均排放强度总体保持在 71.83 ~ 97.86m^3/人的范围内。

　　工业废水 COD 排放量均值（工业废水 COD 总量/城市数量）、人均排放强度及单位土地面积排放强度均呈线性下降的趋势。工业废水 COD 排放量均值从 2001 年的 26 543.76t 逐渐降低到 2011 年的 13 523.97t，减少接近一半。工业废水 COD 单位土地面积排放强度从 2001 年的 31.00t/km^2 逐渐降低到 2011 年的 11.74t/km^2。工业废水 COD 人均排放强度从 2001 年的 268.56t/万人逐渐降低到 2011 年的 86.89t/万人。

　　生活污水 COD 排放量均值（生活污水 COD 总量/城市数量）表现为先下降后回升的趋势，均排放强度和单位土地面积排放强度则是线性下降趋势。生活污水 COD 排放量均值从 2003 年的 37 435.21t 逐渐增长到 2007 年的 38 629.43t，之后逐年降低到 2010 年的 34 619.58t，最后在 2011 年又转为上升趋势。生活污水 COD 单位土地面积排放强度从 2003 年的 31.71t/km^2 逐渐降低到 2010 年的 25.38t/km^2。生活污水 COD 人均排放强度从 2003 年的 248.15t/万人逐渐降低到 2010 年的 201.86t/万人。

　　污水人均排放强度的各城市均值主要表现为波状变化过程，除了在 2003 年出现较大的降低幅度之外，其他年份的变化幅度均较小，总体保持在 71.83 ~ 97.86m^3/人的范围内（图 1-48）。工业废水 COD 的人均排放强度基本呈现逐年降低的趋势，其发展趋势符合线性方程，调整 R^2 达到 0.61；工业废水 COD 人均排放强度的变化过程，从 2001 年的最大值 268.56t/万人逐渐降低到 2011 年的最小值 86.89t/万人，仅在 2005 年和 2009 年出现上升趋势。生活污水 COD 人均排放强度同样呈现逐年降低的趋势，其发展趋势符合方程，调整 R^2 达到 0.82；从 2003 年的 248.15t/万人逐渐降低到 2010 年的最小值 201.86t/万人。

　　（2）城市群水环境胁迫情况

　　图 1-49、图 1-50 及图 1-51 分别显示了各城市群城市污水排放总量、人均污水排放强

度及单位土地面积污水排放总量的变化情况。

各城市群城市污水总量差别较大，但均呈上升趋势（图1-49）。珠三角城市群、长三角城市群和京津冀城市群的污水排放总量高于城市群均值，且呈逐年上升的趋势。关中城市群、山东半岛城市群和海峡西岸城市群的污水总量较少。

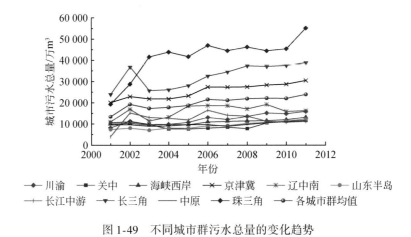

图1-49　不同城市群污水总量的变化趋势

各城市群人均污水量差异较大，但均没有明显的上升或下降趋势（图1-50）。珠三角城市群的人均污水排放强度显著高于其他城市群，其人均排放量的最低值超过其他城市群排放量的最高值。川渝城市群和关中城市群的人均污水排放强度最低。

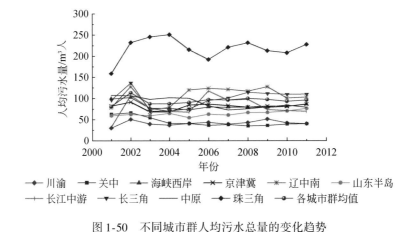

图1-50　不同城市群人均污水总量的变化趋势

不同城市群单位土地面积城市污水量差异较大，且变化趋势各不相同。中原城市群、珠三角城市群和京津冀城市群的单位土地面积城市污水排放强度较高，其中中原城市群的排放强度有下降趋势，而京津冀城市群与珠三角城市群的单位土地面积污水排放强度有上升趋势。关中城市群、川渝城市群及山东半岛城市群的单位土地面积污水排放强度较低（图1-51）。

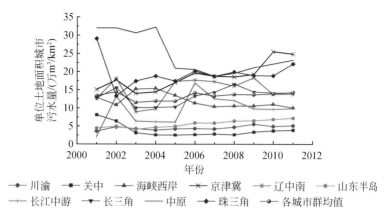

图 1-51　不同城市群单位土地面积城市污水量的变化趋势

1.2.3.3　固体废物胁迫

随着居民生活水平的提高，固体废物胁迫逐渐增强。反映固体废物胁迫的指标有城市垃圾排放总量、城市垃圾人均排放量以及单位土地面积城市垃圾排放强度。

近十年来我国城市垃圾排放总量呈明显增长趋势（图 1-52），城市垃圾排放量从 2001 年的 37.55 万 t 上升到 2011 年的 50.56 万 t。城市垃圾的单位土地面积排放量从 2001 年的 0.043 万 t/km^2 下降到 2011 年的 0.036 万 t/km^2。城市垃圾的人均排放强度同样呈现迅速下降的趋势，人均排放强度从 2001 年的 0.35t/人下降到 2010 年的 0.32t/人。

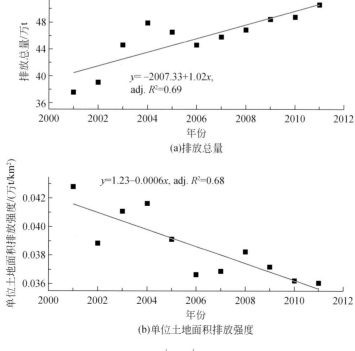

(a)排放总量

(b)单位土地面积排放强度

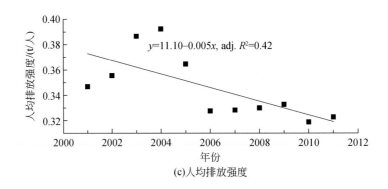

(c)人均排放强度

图 1-52　我国城市垃圾排放量及排放强度的发展趋势

　　长三角城市群、珠三角城市群和京津冀城市群的城市垃圾排放总量高于城市群的平均值，且珠三角城市群的城市垃圾排放总量呈现快速增加趋势。其余城市群城市垃圾排放总量较少且数值接近，生活垃圾总量的增加趋势也较缓（图 1-53）。

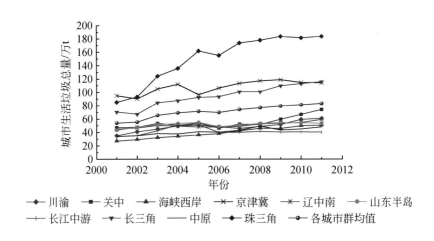

图 1-53　不同城市群生活垃圾排放量的变化趋势

　　珠三角城市群的人均城市垃圾排放强度远大于其他城市群，且排放量前期波动很大，后期略有下降趋势。京津冀城市群人均城市垃圾排放强度在前期较高，但逐年降低，后期已接近城市群均值。其余城市群人均城市垃圾排放强度较低且彼此接近，没有明显的增加或减少趋势（图 1-54）。
　　中原城市群、京津冀城市群及珠三角城市群的单位土地面积城市垃圾排放量较大，高于城市群均值。其中，珠三角城市群的单位土地面积城市垃圾排放量在中后期呈现缓慢上升趋势。其余城市群的单位土地面积城市垃圾排放辆较少且彼此接近（图 1-55）。

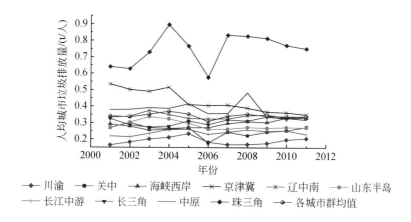

图 1-54 不同城市群人均城市垃圾排放量的变化趋势

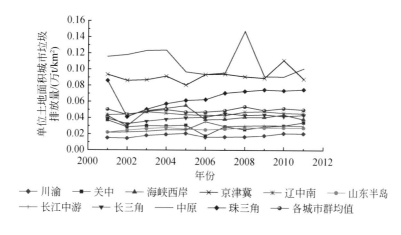

图 1-55 不同城市群单位土地面积城市垃圾排放强度的变化趋势

1.2.4 生态环境保护治理

随着经济发展，我国也越来越重视生态环境的保护，特别体现在对生态环境保护的投资以及对于废弃物治理方面。

1.2.4.1 环境保护投资

近十年来我国环保投资额均值呈现增长趋势，环保投资额占 GDP 的比例近年来也有上升趋势（图 1-56）。全国城市环境保护投资额的均值从 2002 年的 48 239.76 万元上升到 2007 年的 114 556.7 万元，比 2003 年增长了 241.17%，说明全国各城市对环境保护的重视程度提高。环保投资额占 GDP 的比例从 2002 年的 0.89% 增加到 2006 年的 1.05%。

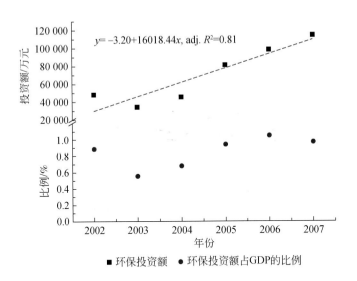

图 1-56　我国城市环境污染治理投资的发展趋势

长三角城市群对环境保护的重视程度远大于其余城市群，其污染物治理投资额明显高于其他城市群，且呈增加趋势（图 1-57）。山东半岛城市群、京津冀城市群以及珠三角城市群，后期对污染治理的投资额相比其他城市群较高。

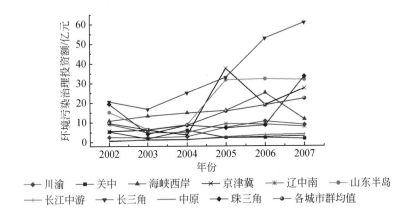

图 1-57　不同城市群环境污染治理投资额的变化趋势

中原城市群污染物治理投资占 GDP 的比例不足 0.5%，是城市群中投资比例最低的，反映了该城市群对环境保护的重视程度较低。海峡西岸城市群、山东半岛城市群以及长三角城市群的环境污染治理投资比例较高，高于城市群均值（图 1-58）。

1.2.4.2　环境治理发展

从近十年污染物处理率以及综合利用率的变化趋势来看，我国环境治理力度逐渐加大

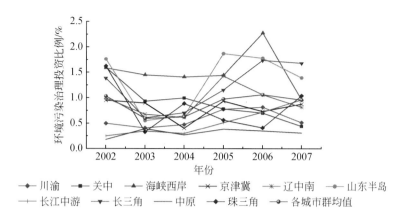

图 1-58　不同城市群环境污染治理投资比例的变化趋势

（图1-59）。工业固体废物综合利用率及生活垃圾无害化处理率增加超过10%，污水集中处理率由2002年的不足40%增加到2011年的接近80%。三废综合利用产品产值占GDP的比例也呈增大趋势。说明我国各城市对生产生活中产生的废弃物的利用率提高，环境治理力度增加，绿色GDP的比例提高。

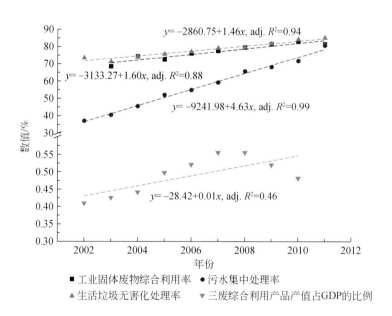

图 1-59　我国城市环境治理各项指标的发展趋势

长三角城市群、海峡西岸城市群和山东半岛城市群的固体废弃物综合利用率高于其他城市群，处理率基本均高于80%。关中城市群、辽中南城市群以及京津冀城市群的工业固体废物综合利用率低于城市群均值，但有逐渐提高的趋势，尤其是关中城市群，2011年该城市群的工业固体废物综合利用率达到80%（图1-60）。

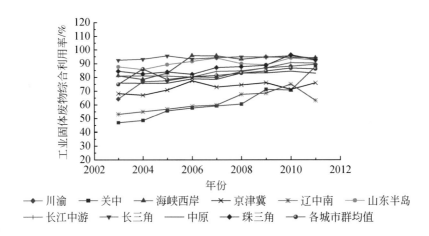

图1-60　不同城市群工业固体废物综合利用率的变化趋势

长江中游城市群、长三角城市群和山东半岛城市群的三废综合利用产品产值占 GDP 比例较高，尤其是长江中游城市群，近十年一直是该比例最高的城市群。而珠三角城市群和海峡西岸城市群的三废综合利用产品产值占 GDP 比例最低（图1-61）。

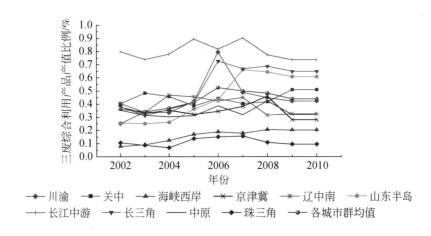

图1-61　不同城市群三废综合利用产品产值比例的变化趋势

山东半岛城市群、长三角城市群和京津冀城市群的污水集中处理率高于其他城市群，而长江中游城市群和川渝城市群的污水集中处理率低于其他城市群，但所有城市群的污水集中处理率均呈增加趋势（图1-62）。

关中城市群、海峡西岸城市群、山东半岛城市群、长三角城市群和京津冀城市群的生活垃圾无害化处理率高于其他城市群，且超过80%。长江中游城市群和川渝城市群该比例较低，但呈现增加趋势（图1-63）。

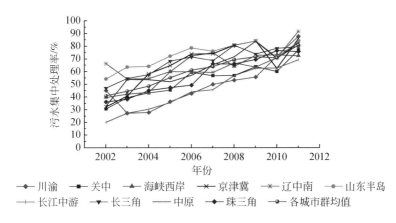

图 1-62 不同城市群污水集中处理率的变化趋势

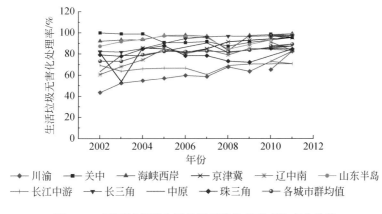

图 1-63 不同城市群生活垃圾无害化处理率的变化趋势

1.2.5 综合比较

本小节综合生态环境质量、资源利用效率、区域生态环境胁迫以及环境治理的各类参数，比较不同城市群在这四个方面的综合特征。总体来说，生态环境质量各项指标基本趋于改善。资源利用效率方面，单位土地面积 GDP、市辖区总水耗、市辖区总能耗在各城市群基本呈上升趋势，而单位 GDP 能耗和单位 GDP 水耗在各城市群均为降低趋势。环境胁迫方面，SO_2 的总排放量在各城市群基本呈现上升趋势，而人均排放强度和单位土地面积排放强度则基本呈现降低趋势；工业废水 COD、生活污水 COD 和烟尘的排放量和排放强度在各城市群基本呈现下降趋势；氮氧化物、污水和生活垃圾的排放量和排放强度在各城市群基本呈现上升趋势。环境污染治理及投资的各项指标在各城市群基本呈现上升趋势，环境治理力度在逐渐加强。

生态环境质量方面，以空气质量为例，空气质量较好的城市群主要是海峡西岸城市群、川渝城市群和珠三角城市群。NO_2 和 SO_2 浓度较高的城市群主要是珠三角、长三角和京津冀城市群。而PM$_{10}$浓度较高的城市群主要有中原城市群、关中城市群和辽中南城市群（图1-64）。

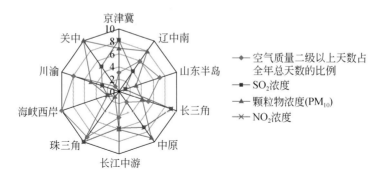

图1-64 不同城市群空气质量及空气污染各项指标的排序结构

资源利用及其效率方面，长江中游城市群、川渝城市群和关中城市群的单位GDP水耗及单位GDP能耗较高；海峡西岸城市群的单位GDP水耗及单位GDP能耗较低（图1-65）。

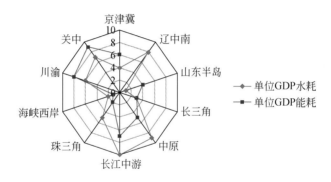

图1-65 不同城市群资源利用及效率各项指标的排序结构

环境胁迫方面，京津冀城市群和中原城市群各类污染物的单位土地面积排放强度较高，山东半岛城市群各类污染物的单位土地面积排放强度较低，综合污染强度低（图1-66）。

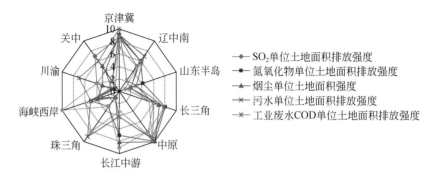

图1-66 不同城市群环境胁迫（单位土地面积排放强度）各项指标的排序结构

长三角城市群、山东半岛城市群和海峡西岸城市群的环境投资额及环境治理投资占比较高；中原城市群和长江中游城市群的环境治理投入相对较少（图 1-67）。

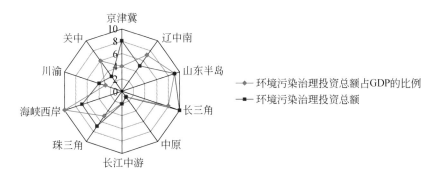

图 1-67　不同城市群环境污染治理投资各项指标的排序结构

第2章 研究区概况：6个典型城市群及其重点城市

在全国城市群分析的基础上，选择了6个典型城市群和17个重点城市作为调查与评估的研究对象。本章从自然地理、社会经济、生态环境三个方面简要介绍了城市群概况；从地理位置、人口、经济的角度介绍了重点城市的概况。本章内容对于认识和理解不同城市群和重点城市的城市化过程具有重要作用。

本次调查与评价根据我国城市与城市群发展，及其生态环境现状与格局，在全国概况分析的基础上，选择了6个典型的城市群及其重点城市开展深入研究（表2-1，图2-1），包括发展较为成熟，GDP贡献显著的长三角、京津冀和珠三角3个城市群，以及粗具规模和辐射带动的长株潭、成渝和武汉城市群。重点城市包括北京、天津、唐山、上海、苏州、无锡、常州、杭州、南京、广州、佛山、东莞、深圳、长沙、重庆、成都、武汉共17个城市。2010年，京津冀、长三角、珠三角、成渝、武汉、长株潭这6个城市群的人口总量占中国人口总量的25.86%，比重分别为5.14%、6.34%、2.42%、8.67%、2.22%和1.07%；经济总量则占全国经济的42.01%，比重分别为8.41%、15.85%、8.75%、5.39%、2.05%和1.56%。6个城市群承载了中国1/4的人口，贡献了超过2/5的国民生产总值，对中国的发展产生了显著的影响。

表 2-1 调查与评价范围

城市化区	省	地级市	辖县（区、市、自治县）
京津冀城市群	北京	—	北京市市辖区、密云县、延庆县
	天津	—	天津市市辖区、宁河县、静海县、蓟县
	河北	唐山	唐山市市辖区、丰润县、滦县、滦南县、乐亭县、迁西县、玉田县、唐海县、遵化市、丰南市、迁安市
		保定	保定市市辖区、满城县、清苑县、涞水县、阜平县、徐水县、定兴县、唐县、高阳县、容城县、涞源县、望都县、安新县、易县、曲阳县、蠡县、顺平县、博野县、雄县、涿州市、定州市、安国市、高碑店市
		廊坊	廊坊市市辖区、固安县、永清县、大城县、文安县、霸州市
		秦皇岛	秦皇岛市市辖区、青龙满族自治县、昌黎县、抚宁县、卢龙县
		张家口	张家口市市辖区、宣化县、张北县、康保县、沽源县、尚义县、蔚县、阳原县、怀安县、万全县、怀来县、涿鹿县、赤城县、崇礼县
		承德	承德市市辖区、承德县、兴隆县、平泉县、滦平县、隆化县、丰宁满族自治县、宽城满族自治县、围场满族蒙古族自治县

城市化区	省	地级市	辖县（区、市、自治县）
京津冀城市群	河北	沧州	沧州市市辖区、沧县、青县、东光县、海兴县、盐山县、肃宁县、南皮县、吴桥县、献县、孟村回族自治县、泊头市、任丘市、黄骅市、河间市
		石家庄	石家庄市市辖区、高邑县、藁城市、行唐县、晋州市、井陉矿区、井陉县、灵寿县、鹿泉市、栾城县、平山县、深泽县、无极县、辛集市、新乐市、元氏县、赞皇县、赵县、正定县
		邢台	邢台市市辖区、柏乡县、广宗县、巨鹿县、临城县、临西县、隆尧县、南宫市、南和县、内丘县、宁晋县、平乡县、清河县、任县、沙河市、威县、新河县、邢台县
		邯郸	邯郸市市辖区、鸡泽县、邱县、永年县、曲周县、邯郸县、肥乡县、馆陶县、涉县、广平县、成安县、魏县、磁县、临漳县、大名县
		衡水	衡水市市辖区、冀州市、深州市、枣强县、武邑县、武强县、饶阳县、安平县、故城县、景县、阜城县
长三角城市群	上海	—	上海市市辖区、崇明县
	江苏	南京	南京市市辖区、江浦县、六合县、溧水县、高淳县
		苏州	苏州市市辖区、常熟市、张家港市、昆山市、吴江市、太仓市
		无锡	无锡市市辖区、江阴市、宜兴市
		常州	苏州市市辖区、常熟市、张家港市、昆山市、吴江市、太仓市
		镇江	镇江市市辖区、丹徒县、丹阳市、扬中市、句容市
		南通	南通市市辖区、海安县、如东县、启东市、如皋市、通州市、海门市
		扬州	扬州市市辖区、宝应县、仪征市、高邮市、江都市
		泰州	泰州市市辖区、兴化市、靖江市、泰兴市、姜堰市
	浙江	杭州	杭州市市辖区、桐庐县、淳安县、建德市、富阳市、临安市
		宁波	宁波市市辖区、象山县、宁海县、鄞县、余姚市、慈溪市、奉化市
		湖州	湖州市市辖区、德清县、长兴县、安吉县
		嘉兴	嘉兴市市辖区、嘉善县、海盐县、海宁市、平湖市、桐乡市
		绍兴	绍兴市市辖区、绍兴县、新昌县、诸暨市、上虞市、嵊州市
		舟山	舟山市市辖区、岱山县、嵊泗县
珠三角城市群	广东	广州	广州市市辖区、增城市、从化市
		深圳	深圳市
		珠海	珠海市
		佛山	佛山市市辖区、顺德市、南海市、三水市、高明市
		江门	江门市市辖区、台山市、新会市、开平市、鹤山市、恩平市
		东莞	东莞市
		中山	中山市
		肇庆	肇庆市市辖区、广宁县、怀集县、封开县、德庆县、高要市、四会市
		惠州	惠州市市辖区、博罗县、惠东县、龙门县、惠阳市

续表

城市化区	省	地级市	辖县（区、市、自治县）
长株潭城市群	湖南	长沙	长沙市市辖区、长沙县、望城县、宁乡县、浏阳市
		株洲	株洲市市辖区、株洲县、攸县、茶陵县、炎陵县、醴陵市
		湘潭	湘潭市市辖区、湘潭县、湘乡市、韶山市
成渝城市群	重庆	—	重庆市市辖区、綦江县、潼南县、铜梁县、大足县、荣昌县、璧山县、梁平县、丰都县、垫江县、武隆县、忠县、开县、云阳县、石柱土家族自治县、江津市、合川市、永川市、南川市、涪陵市、万县
	四川	成都	成都市市辖区、金堂县、双流县、温江县、郫县、大邑县、蒲江县、新津县、都江堰市、彭州市、邛崃市、崇州市
		德阳	德阳市市辖区、中江县、罗江县、广汉市、什邡市、绵竹市
		绵阳	绵阳市市辖区、三台县、盐亭县、安县、梓潼县、北川县、平武县、江油市
		眉山	眉山市市辖区、仁寿县、彭山县、彭山县、洪雅县、丹棱县、青神县
		资阳	资阳市市辖区、安岳县、乐至县、简阳市
		遂宁	遂宁市市辖区、蓬溪县、射洪县、大英县
		乐山	乐山市市辖区、犍为县、井研县、夹江县、沐川县、峨边彝族自治县、马边彝族自治县、峨眉山市
		雅安	雅安市市辖区、名山县、荥经县、汉源县、石棉县、天全县、芦山县、宝兴县
		自贡	自贡市市辖区、荣县、富顺县
		泸州	泸州市市辖区、泸县、合江县、叙永县、古蔺县
		内江	内江市市辖区、威远县、资中县、隆昌县
		南充	南充市市辖区、南部县、营山县、蓬安县、仪陇县、西充县、阆中市
		宜宾	宜宾市市辖区、宜宾县、南溪县、江安县、长宁县、高县、珙县、筠连县、兴文县、屏山县
		达州	达州市市辖区、达县、宣汉县、开江县、大竹县、渠县、万源市
		广安	广安市市辖区、岳池县、武胜县、邻水县、华蓥市
武汉城市群	湖北	武汉	武汉市市辖区
		黄石	黄石市市辖区、大冶市、阳新县
		咸宁	咸宁市市辖区、赤壁市、嘉鱼县、通城县、崇阳县、通山县
		黄冈	黄冈市市辖区、麻城市、武穴市、团风县、红安县、罗田县、英山县、浠水县、蕲春县、黄梅县
		孝感	孝感市市辖区、应城市、安陆市、汉川市、孝昌县、大悟县、云梦县
		鄂州	鄂州市市辖区
		仙桃	仙桃市市辖区
		天门	天门市市辖区

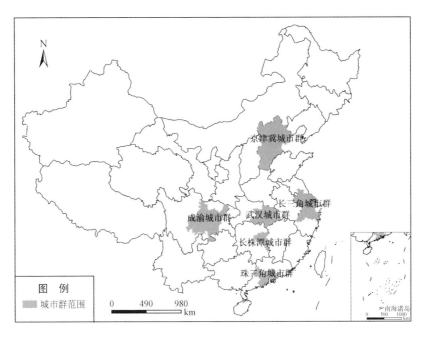

图 2-1　重点城市群十年变化遥感调查与评价范围

2.1　京津冀城市群

　　京津冀城市群（又称京津冀都市经济圈）位于中国华北地区，包括北京、天津两个直辖市，以及河北省石家庄、邢台、邯郸、唐山、秦皇岛、承德、廊坊、沧州、保定、张家口和衡水 11 个地级城市。其中北京是全国政治文化中心，天津市的滨海新区也逐步成为带动京津冀城市群经济发展的引擎，唐山是"京津冀城市群东北部副中心城市"。在国内经济结构中，京津冀城市群占据环渤海城市群的中心地位，以北京、天津为增长点，引导带动其他次级中心城市统筹协调发展。同时，京津冀城市群以技术、信息、金融、客货交流枢纽为依托，是联系中国东北、华北、西北"三北"内陆腹地的桥梁区域，也是我国北方发展程度最高的经济核心地区以及我国参与国际交流与合作的重要门户（杨华雯，2013）。对京津冀城市群的调查评估包括以京津冀城市群为主体的城市群（区域）尺度的研究，以及以北京、天津和唐山三个重点城市的建成区为对象的重点城市尺度的研究。

2.1.1　自然地理与社会经济概况

　　京津冀城市群自然条件和资源优势突出，地貌较为复杂，以平原为主，属于暖温带大陆性季风气候，四季分明，年均温为 16℃，年均降水量为 484.5mm。京津冀城市群是我国海岸线北段最大的临海城市群，我国北方对外开放的重要桥梁，其整体定位是以首都北京为核心的世界级城市群，引领区域及全国的改革和发展。2010 年京津冀总人口为 9336

万人，其中户籍人口城市化率达到40%。在1980～2010年，京津冀城市群的人口城市化速率呈现不断上升的趋势。2000年以来人口城市化进入快速发展阶段，在2000～2010年，人口城市化率增加了10%，是1980～2000年人口城市化速率增加量之和。

京津冀城市群各城市的人口城市化率存在显著差异。北京人口城市化率最高，在2010年达到了78.67%，天津其次，也达到50%以上。2000～2010年，除衡水城市化率有所下降外，京津冀城市群各城市的人口城市化率都处于增长状态。其中，北京增速最快，由2000年的68.68%增加到2010年的78.67%，天津次之。

京津冀城市群的人口密度呈现出上升的趋势，从2000年的483.45人/km²上升到2010年的538.30人/km²，其中北京、邯郸和天津的上升趋势最为明显，张家口和承德的人口密度增长最慢。此外，市区的人口密度整体平均值也略有上升，从2000年的2659.66人/km²上升到了2010年的2767.33人/km²。

京津冀城市群城市主要集中在以耕地为主的东部平原地区，近三十年来，京津冀城市群人工表面面积大幅度增长。由1984年的12 798.94km²，增长至2010年的21 647.15km²，人工表面面积占土地面积比例增加了10.03%。1984～1990年，京津冀处于城市化初期，人工表面面积年均增速为1.43%；1990～2000年，城市化进程加快，新增人工表面面积为上一个十年的近5倍，年均增速达3.27%；2000～2010年进入稳步发展阶段，新增人工表面面积增幅降低，年均增速为1.94%。京津冀区域内部各城市的土地城市化存在较大差异，其中北京和天津两个直辖市的建成区面积和增长速度在过去三十年中均高于河北省的城市。

京津冀城市群城市的扩张主要以耕地转变为人工表面为主。1984～1990年，年均转变面积为315.33 km²；1990～2000年，年均转变面积为524.43 km²，为改革开放以来耕地转变最快时期；2000～2010年，因国家出台耕地强制保护政策，年均耕地转变面积比上个十年大幅下降，为311 km²。各城市的扩张模式也有差异，北京的建成区扩张模式在2000～2005年是蔓延式与跳跃式的结合，而2005～2010年的扩张则是以蔓延为主。而天津2000～2005年和2005～2010年的扩张模式都以蔓延为主。唐山十年来建成区的扩张模式均为缓慢的蔓延式扩张。

京津冀城市群的地区GDP从改革开放以后呈现出快速增长的趋势，尤其是2000年以后，更是以"J"形曲线的趋势增长，到2010年整个京津冀城市群的地区GDP值已经突破43 954亿元。同时京津冀城市群人均GDP从1980年的474元/人，增长到2010年的43 954元/人，体现出京津冀地区人民生活水平的快速提高。北京作为京津冀城市群的发展核心，GDP由2000年的2478亿元增至2010年的14 113亿元，翻了将近6倍，是整个京津冀城市群经济增长最快的城市。天津市的GDP在2000～2010年的十年间也增长了463%，GDP增长速率远远高于河北省的其他城市。从人均GDP的角度来看，北京、天津和唐山三个重点城市的人均GDP远远高于其他城市，而且呈现出较快的增长的趋势。

此外，对于产业结构而言，在京津冀城市群中，北京2000～2010年第三产业占比逐年增加，表明北京的城市化已经进入稳定发展的阶段，城市化主要依靠第三产业带动。北京周围的城市，如天津、唐山、承德、张家口和保定都呈现出第三产业所占比重逐渐下降，第二产业在国民生产中所占的比重则是连年增加。可能与北京以第三产业为主，吸纳周围城市大量的劳动力和资源，进而限制周围城市第三产业的发展有关。而石家庄、衡水和邢台等非紧邻北京的城市，第三产业比例也呈现出上升的趋势。同时，由于工业污染的问题，北京市限制了本市工业和制造业的发展，这在一定程度上导致产业转移至北京周围的天津和唐山等城市，后者成为工业和制造业发展的沃土。

2.1.2 生态环境概况

1984~2010 年，京津冀城市群各土地覆盖类型变化趋势明显：植被（林地和草地）和人工表面面积增加（分别为 70 008.94~71 551.89km²，11 984.84~21 643.86km²），耕地和湿地减少（分别为 109 025.80~95 964.81km²，6240.59~5991.99km²）。城市群的景观斑块密度也发生了较大的变化，呈现出先上升后下降的趋势（植被斑块破碎度表现出相同的变化趋势），并且在 2000~2010 年保持稳定。说明城市化进程初期导致城市景观破碎度增加，但随着进程的发展，景观破碎化程度下降，最后达到一个稳定的状态。同时，景观异质性缓慢增加，但变化幅度较小。

京津冀地区水资源总量不足，为 105.95 亿~213.48 亿 m³，人均水资源量更为有限。随着人口的逐年增加，人均水资源占有量急剧降低，目前人均水资源占有量低已经成为制约区域经济和社会发展的主要瓶颈。同时，单位 GDP 水资源利用效率在 2000~2010 年整体呈现下降的趋势，但其中后五年的下降速度小于前五年，表明后期水资源利用效率问题有所缓解。京津冀城市群的能源消耗量表现为显著上升的趋势，但单位 GDP 的能耗显著降低，表明整个城市群的能源利用效率逐渐提升。

在空气质量方面，2000~2010 年京津冀城市群采取了调整产业结构、优化能源等措施，区域内各城市的空气质量逐年好转，空气质量大于二级标准天数占全年天数比例逐年上升。其中空气质量相对较好的城市有秦皇岛、廊坊，其空气质量大于二级标准天数占全年天数比例基本保持在 80% 以上，而石家庄、邯郸、保定、承德等地区达到或好于二级天数增加较快，北京的二级天数比例增长则较其他城市缓慢。区域内的烟粉尘排放主要以工业排放为主，生活烟尘相对较少，其中，唐山的工业烟粉尘排放量较高。SO_2 排放主要以工业排放为主，唐山、天津作为重要的工业城市，是 SO_2 排放的主要地区，而北京由于城市规模较大，人口众多，生活 SO_2 排放量较其他地区高。2000~2010 年京津冀各地区积极推进二氧化硫污染治理，使区域内的 SO_2 排放量基本呈现下降趋势。

对于水体环境而言，京津冀城市群 COD 排放量主要为生活排放，但石家庄、唐山以工业排放为主。北京、天津、石家庄、唐山是京津冀区域内主要的 COD 排放地区，其中北京以生活排放为主，占全部 COD 排放量的 90% 以上。由于区域内各城市大力治理排污，COD 等污染物的排放量逐年下降，单位 GDP 的 COD 排放量也基本呈现逐年下降的趋势，且下降幅度较大。

快速的城市化也对区域内的热环境产生了重要影响，导致热岛效应的产生。其中北京市的热岛效应在整个城市群中一直处于较高的强度水平，热岛强度高达 7.19℃（2010 年），其次为衡水、石家庄和唐山，邯郸市的热岛强度最低，为 1.72℃（2010 年）。2000～2010 年京津冀城市群各城市的热岛强度差异和变化趋势均差异较大，北京表现出先降低后增加的趋势，变化幅度相对较小，天津则表现出先增加后降低的趋势，变化幅度相对较大。

2.1.3　京津冀重点城市

（1）北京

北京地处 39°26′N～41°04′N，115°25′E～117°30′E，位于华北平原东北边缘，毗邻渤海湾，上靠辽东半岛，下临山东半岛。作为中华人民共和国首都、直辖市、国家中心城市、超大城市，北京市也是全国政治中心、文化中心、国际交往中心、科技创新中心，辖 16 个区，共 147 个街道、38 个乡和 144 个镇。2000～2010 年北京市的总人口从 1382 万人增加到 1962 万人，GDP 从 2478.76 亿元增加到 14 113.58 亿元。

（2）天津

天津位于环渤海湾中心，116°43′E～118°04′E，38°34′N～40°15′N。市中心位于 117°10′E，39°10′N。天津市域面积约 1.2 万 km²，北南长 189km，西东宽 117km，海岸线长 153km，是中国北方最大的沿海开放城市。天津共有 16 个市辖区，乡镇级区划数为 240 个。2000～2010 年天津的人口数量从 1001 万人增加到 1299 万人，GDP 从 1639.36 亿元增加到 9224.46 亿元。

（3）唐山

唐山市地处渤海湾中心地带，河北省东部，117°31′E～119°19′E，38°55′N～40°28′N，东隔滦河与秦皇岛市相望，西与天津市毗邻，南临渤海，北依燕山隔长城与承德市相望，东西长约 130km，南北宽约 150km。总面积 17 040km²。其中陆地总面积 13 472km²，海域面积达 4440km²，大陆海岸线总长 229.7km。唐山市辖 7 个市辖区、5 个县，2 个县级市。作为京津冀工业基地中心城市，唐山市是中国近代工业的摇篮，工业基础雄厚，素有"北方瓷都"之称。

2.2　长三角城市群

长三角城市群包括上海市，江苏省的南京、无锡、常州、苏州、南通、盐城、扬州、镇江、泰州，浙江省的杭州、宁波、嘉兴、湖州、绍兴、金华、舟山、台州，安徽省的合肥、芜湖、马鞍山、铜陵、安庆、滁州、池州、宣城等 26 座城市。其特点一是规模大，城市群总面积 21.17 万 km²，总人口 7339 万人；二是城市规模等级结构完整（甄延临，2006），26 座城市中，超大城市 1 座，特大城市 1 座以及若干大城市、中等城市、小城市，基本上呈金字塔形分布；三是中心城市地位突出，上海城市人口居全国首位，更是中国的经济、金融、贸易、航运中心；四是城市功能多样化，其中作为中国四大古都的特大城市南京，是中华文明的重要发祥地，长期是中国南方的政治、经济、文化中心，有"天下文枢""东南第一学"的美誉，杭州以风景秀丽著称，苏州被评为首批"国家生态园林城市"。对长三角的调查评估包括以长三角城市群为总体的区域尺度的研究，以及以上海、苏州、无锡、常州、南京和杭州 6 个城市的建成区为对象的重点城市尺度的研究。

2.2.1 自然地理与社会经济概况

长三角城市群位于长江中下游地区，濒临黄海与东海，地处江海交汇之地，沿江沿海港口众多，是长江入海之前形成的冲积平原，也是"一带一路"与长江经济带的重要交汇地带。海拔多在 10m 以下，有低矮丘陵散布，属于亚热带季风气候，温暖湿润、年均温为 15 ~ 16℃，年降水量为 1000 ~ 1400mm。作为中国第一大经济区，长三角城市群在国家现代化建设大局和全方位开放格局中具有举足轻重的战略地位，同时也是亚太地区重要的国际门户，属于国际公认的世界级城市群之一。从城市化水平来看，长三角城市群 1980 ~ 2010 年城市人口比例一直高于同时期的全国平均水平，并且保持增长趋势，从 1980 年的 25.21%（全国水平 21.00%）增长到 2010 年的 52.51%（全国水平 49.68%）。区域内各城市的人口城市化率存在差异，上海的人口城市化水平一直位于长三角之首并保持着快速的增长趋势，从 1984 年的 63.1% 增至 2010 年的 88.9%。此外，江苏八市和浙江六市的城市人口比例也是持续增长的，但江苏八市城市人口比例显著高于同时期浙江八市的平均水平。

1980 ~ 2010 年，长三角城市群人口密度一直保持增长趋势，上海人口密度增加最快，从 1984 年的 1967 人/km² 增加到 2010 年的 2227 人/km²，江苏八市的平均人口密度和增加幅度均明显高于浙江六市，从 1984 年的 737 人/km² 增加为 2010 年的 847 人/km²，而浙江六市平均人口密度从 1980 年的 530 人/km² 增加到 2010 年的 584 人/km²。

随着城市人口的增加，近三十年，长三角城市群人工表面面积也持续大幅增长，表明该区域土地城市化一直在快速进行。在 1980 ~ 1990 年的城市化初期，人工表面增加相对较慢，增长比率为 3.1%，后期城市化进程加快，人工表面增长比例显著升高，达到 16.1%。上海市的人工表面所占面积比例一直居于首位，从 1980 年的 12.6% 增加到 2010 年的 37.1%。其中 2000 ~ 2005 年的增长速率较 2005 ~ 2010 年更快，表明后期上海城市化逐渐变缓、稳定。此外，南京、无锡、常州、杭州同上海表现出类似的"2000 ~ 2010 年总体增加，且前五年增幅大于后五年"不透水覆盖比例的变化趋势。类似于城市人口比例，江苏八市的"人工表面"比例明显高于浙江六市。这个结果说明，长三角城市群城市扩张特征存在明显的"行政隶属区域差异"特征。

城市扩张的同时，长三角城市群近十年的经济活动强度明显增加，单位土地面积 GDP 快速升高。且近五年（2005 ~ 2010 年）比前五年（2000 ~ 2005 年）单位土地面积 GDP 增加程度明显加大。2000 年 15 个城市的平均单位土地面积 GDP 为 1596 万元/km²，2005 年增为 2986 万元/km²，2010 年增为 5444 万元/km²。其中上海的单位土地面积 GDP 远高于其他城市，而江苏八市平均单位土地面积 GDP 明显高于浙江六市。表明长三角区域的经济活动特征及变化强度同样存在明显的"行政隶属区域差异"特征。

从长三角区域的产业结构变化来看，1980 ~ 2010 年总体变化为：第一产业比例明显降低，第三产业比例明显升高。2000 年是长三角城市群产业结构变化的转折点，2000 年之前主要是第一产业比例明显减少，第二和第三产业比例明显增加；2000 年之后，第一产业比例降幅放缓，第二、三产业比例增幅也趋于稳定。1980～2000 年，浙江六市的第一产业比例降幅最大（14.0%），上海次之（12.5%），江苏相对最小（11.6%）；而第三产业比例，上海增幅最大（26.6%），浙江次之（17.4%），江苏相对最小（8.8%）；第二产业比例，江苏和上海有所降低，分别为－3.0%和－1.2%，浙江有所增加（2.8%），表明1980～2000 年，浙江六市的产业结构调整力度最大，上海次之，江苏八市相对最小。

2.2.2 生态环境概况

长三角城市群平均林地比例呈先降低后增加的趋势，1980～1990 年，长三角区域林地比例从 19.4%降至 18.5%，1990～2010 年，林地比例有所增加。而长三角区域的耕地比例持续下降，从 1984 年的 63%，下降到 2010 年的 40.9%。不同区域城市的林地比例差异明显。浙江六市林地比例（大于 40%）明显高于江苏八市和上海（都低于 8%）。浙江六市耕地比例则明显低于江苏八市和上海。1980～2010 年，长三角区域的"林地"斑块整体趋于更加破碎，耕地的斑块密度也明显增加，表明长三角区域城市化过程对林地、耕地覆盖的干扰较大，使其越来越破碎。

2000～2010 年，长三角区域水资源利用强度不断增加，近五年（2005～2010 年）比前五年（2000～2005 年），单位土地面积供水量增长程度明显加大。上海的水资源利用强度明显高于其他城市，而江苏八市也明显高于浙江六市。同时，水资源利用效率明显提高，其中南京提高幅度最大，单位 GDP 供水总量从 2000 年的 126 万 t/亿元降低到 2010 年的 29 万 t/亿元，其次是上海。2005～2010 年，长三角区域城市能源利用强度同样明显增加。上海的单位土地面积用电量远高于其他城市，其次，江苏八市平均单位土地面积用电量明显高于浙江六市。同时，长三角城市能源利用效率也有明显提高，其中，常州和南京提高幅度最大。

2000～2010 年，长三角区域整体空气质量有所提升，单位土地面积烟尘排放量降低。2000 年，上海单位土地面积烟尘排放量明显高于其他城市，江苏八市单位土地面积烟尘排放量高于浙江六市。到 2005 年，上海单位土地面积烟尘排放量明显降低，但依然高于江苏和浙江。近十年长三角整体区域单位土地面积 SO_2 排放量的变化特征跟单位土地面积烟尘排放量变化特征相似，且相同时期依然是上海的单位土地面积 SO_2 排放量最高。

对水环境而言，2000～2010 年，长三角区域整体的单位土地面积工业 COD 排放量呈降低的趋势。但不同时期变化特征不同，前五年（2000～2005 年）排放量增加，后五年（2005～2010 年）排放量明显降低，表明后期水污染排放控制和治理有了明显的提高。江苏和浙江城市与整个长三角区域保持同样的先增加后降低的变化趋势，但上海在 2000～2010 年持续下降，表明上海的环保要求或者工艺明显高于其他长三角城市。

长三角区域内快速的城市化进程导致了各城市明显的热岛效应，但在 2000～2010 年，长三角城市的平均热岛效应强度是降低的，且城市化较快的前五年平均热岛强度降低程度大于后五年，这表明长三角区域人类活动范围在不断扩大，快速的城市化导致"城-郊"

地表覆盖和人类活动差异变化，进而缩小了"城–郊"温度差异。此外，长三角城市群内各城市热岛强度有差异，其中上海热岛强度最高，其次为浙江省城市，江苏省城市则相对最低。

2.2.3　长三角重点城市

（1）上海

上海市地处 120°52′E ～ 122°12′E，30°40′N ～ 31°53′N，位于太平洋西岸、亚洲大陆东沿、中国南北海岸中心点、长江和黄浦江入海汇合处。北界长江，东濒东海，南临杭州湾，西接江苏和浙江两省。截至 2011 年底，上海市共辖 16 个区、1 个县，总面积为 6340.5km²。上海是中国重要的经济、交通、科技、工业、金融、会展和航运中心，是世界上规模和面积最大的都会区之一。2014 年上海 GDP 总量居中国城市第一、亚洲第二。2000 ～ 2010 年上海的人口数量从 1674 万人增加到 2303 万人，GDP 从 4551.15 亿元增加到 17 165.98 亿元。

（2）南京

南京地处中国东部地区、长江下游、濒江近海，位于 31°14′N ～ 32°37′N，118°22′E ～ 119°14′E。全市下辖 11 个区，总面积 6597km²，2015 年建成区面积 923.8km²，常住人口 823.6 万人，城镇化率高达 81.4%，是长三角地区及华东地区唯一的特大城市。南京作为中国四大古都、首批国家历史文化名城，它既是中国南方的政治、经济、文化中心，也是重要的科教中心。2000 ～ 2010 年南京的人口数量从 544.59 万人增加到 800.76 万人，GDP 从 1021.30 亿元增加到 5130.65 亿元。

（3）杭州

杭州地理坐标为 118°21′E ～ 120°30′E，29°11′N ～ 30°33′N；位于中国东南沿海北部，浙江省北部，东临杭州湾，与绍兴市相接，北与湖州市、嘉兴市毗邻。杭州市总面积 16 596km²，其中丘陵山地占总面积的 65.6%，平原占 26.4%，江、河、湖、水库占 8%，有着江、河、湖、山交融的自然环境。杭州作为浙江省的省会，辖 9 个市辖区、2 个县，代管 2 个县级市，是浙江省的政治、经济、文化和金融中心，历史文化积淀深厚，也是长江三角洲中心城市之一。2000 ～ 2010 年杭州的人口数量从 687.80 万人增加到 870.04 万人，GDP 从 1382.56 亿元增加到 5949.17 亿元。

（4）苏州

苏州位于江苏省东南部，长江三角洲中部，地处 119°55′E ～ 121°20′E，30°47′N ～ 32°02′N，东临上海，南接嘉兴，西抱太湖，北依长江。全市地势低平，平原占总面积的 54.8%，属亚热带季风海洋性气候。苏州地区河网密布，周围是全国著名的水稻高产区，农业发达，有"水乡泽国""天下粮仓""鱼米之乡"之称。苏州辖姑苏区、相城区、吴中区、虎丘区和吴江区，代管张家港市、常熟市、太仓市和昆山市，总面积 8488.42km²。2000 ～ 2010 年苏州的人口数量从 578.17 万人增加到 637.66 万人，GDP 从 1540.67 亿元增加到 9228.91 亿元。

（5）无锡

无锡市位于 119°31′E ~ 120°36′E、31°07′N ~ 32°02′N，地处长江三角洲平原腹地，江苏南部，是太湖流域的交通中枢，京杭大运河从中穿过。无锡以平原为主，星散分布着低山、残丘，自古就是鱼米之乡，是中国国家历史文化名城；同时也是中国民族工业和乡镇工业的摇篮，苏南模式的发祥地。无锡市下辖 5 个行政区、7 个镇、41 个街道，面积 1643.88km²，另有太湖水域 397.8km²。2000 ~ 2010 年无锡的人口数量从 434.61 万人增加到 466.56 万人，GDP 从 1200.16 亿元增加到 5793.30 亿元。

（6）常州

常州市位于 119°08′E ~ 120°12′E、31°09′N ~ 32°04′N，地处长江之南、太湖之滨，处于长江三角洲中心地带，与苏州、无锡联袂成片，构成苏锡常都市圈。境内地势西南略高，东北略低，高低相差 2m 左右；地貌类型属高沙平原，山丘、平原兼有。常州是一座有 3200 多年历史的文化名城，辖天宁区、钟楼区、新北区、武进区、金坛区五个行政区和一个县级市溧阳市，21 个街道办事处、37 个镇、807 个行政村、323 个居委会，总面积 4385km²。2000 ~ 2010 年常州的人口数量从 341.48 万人增加到 360.80 万人，GDP 从 600.66 亿元增加到 3044.89 亿元。

2.3 珠三角城市群

珠三角城市群包括广州、深圳、佛山、东莞、中山、珠海、江门、肇庆、惠州共 9 个城市，以及深汕特别合作区、香港特别行政区、澳门特别行政区，总面积 5.6 万 km²，总人口 3094 万人。珠三角地区是有全球影响力的先进制造业基地和现代服务业基地，南方地区对外开放的门户，有"南海明珠"之称。其中，广州是广东省省会，是国务院定位的国际大都市、国际商贸中心、国际综合交通枢纽、国家中心城市；深圳是中国第一个经济特区；佛山是广东独具岭南文化特色的城市，位于珠江三角洲腹地，在广东省经济发展中处于领先地位。广州–佛山城市区和深圳–东莞–惠州城市区的城市潜力较大，辐射带动作用强，其他城市潜力相对较小（梅志雄等，2012）。对珠三角的调查评估包括珠三角城市群整体的区域尺度的研究，以及广州（中心城区、东部城区及番禺区）、深圳（南山区、罗湖区、福田区和盐田区）、佛山（禅城区和南海区）、东莞（莞城区）4 个城市建成区为重点对象的城市尺度的研究。

2.3.1 自然地理和社会经济概况

珠三角城市群位于中国华南、珠三角区域，珠江下游，毗邻港澳，与东南亚地区隔海相望，海陆交通便利，被称为中国的"南大门"，是三个特大城市群之一，同样属于世界级城市群。珠三角城市群属于亚热带气候，终年温暖湿润，年均温 21 ~ 23℃，最冷的 1 月均温 13 ~ 15℃，最热的 7 月均温 28℃以上。降雨集中于 6 ~ 10 月，年均降水量 1500mm 以上。

1982～2010 年，珠三角城市群人口呈持续快速上升变化，总人口从 1867.75 万人增至 5616.37 万人。至 2010 年珠三角城市群人口总量已超过广东省 50%，占全国人口 4.19%。其中广州市和深圳市人口突破 1000 万人，成为巨大型城市，佛山和东莞人口也超过 700 万人，这四个重点城市已经聚集近七成的人口数量。珠三角城镇人口比例同样持续上升，由 1990 年的 32.61% 上升至 2010 年的 82.72%，领先广东、全国水平。其中广州、深圳、佛山和东莞四个城市的人口城市化比例均高于珠三角其他城市。

1982～2010 年珠三角城市群人口密度逐年增长，1990～2000 年这一时期增速最大，达到 81.54%（从 438 人/km² 升至 795 人/km²），其后十年增速减缓。珠三角区域内各城市中广州、深圳、珠海、佛山、东莞、中山在 1990～2000 年人口密度上升幅度较大。人口密度最高的为深圳，至 2000 年其人口密度率先达到 3500 人/km²，到 2010 年进一步增加到 5490 人/km²。重点城市中，东莞人口密度仅次于深圳，高于广州、佛山。

在城市化进程中，珠三角城市群的土地面积以及利用类型也发生了较大的变化。1982～2010 年，珠三角城市群生态系统类型以森林生态系统为主（32 000km²）约占珠三角总面积的 60% 左右，其次为农田生态系统，面积比例约为 20%。总体来看，近三十年，珠三角城市群森林生态系统保持稳定，变化率较小，但农田生态系统持续减少，城镇生态系统剧增（面积增长率达 151.67%）。其中 1990～2000 年为珠三角生态系统变化最大的十年，城镇生态系统面积大幅度增加，增幅达到 66.49%。与此同时，农田生态系统和森林生态系统面积减少，其中农田生态系统减少 2466.66km²。2000 年之后，各种生态系统的变化率减小。2005～2010 年，城镇生态系统成为唯一面积增加的类型。其中深圳得益于经济特区政策，城市迅速崛起，三十年内面积增长率最高（面积增长率达 291.53%），而珠海、东莞与中山也均超过城市群平均增长速率。珠三角各城市的扩张方式主要为外延式，而其建设用地主要来源于农田生态系统的流入，1980～1990 年，农田生态系统的转换面积占城镇新增面积的 95.51%。1990 年之后，农田生态系统的转换面积所占比例变小，1990～2000 年和 2000～2010 年两个时期所占比例分别为 56.10% 和 53.28%，各城市中东莞市、佛山市和广州市的农田转换面积较多。

此外，1987～2010 年珠三角城市群经济活动强度呈逐年上升趋势，GDP 总量逐年递增，至 2010 年珠三角城市群 GDP 已达 37 673.25 亿元，占广东省 70% 以上的 GDP。1987 年，珠三角以广州 GDP 居首，达到 142.25 亿元，其他城市远小于广州，此时珠三角以广州为经济核心。至 1990 年，深圳 GDP 快速增加，仅次于广州。佛山与东莞在 1995 年开始跃升为第三、四位。至 2010 年，这 4 个城市 GDP 总和约占珠三角城市群的 80%，成为珠三角区域的经济核心。

珠江三角洲的产业结构中，第三产业的比重始终明显高于广东和全国水平。早在 1987 年，珠江三角洲第三产业在国内生产总值中所占的比重就已经达到 39.96%。近三十年来，该区域的第三产业比重总体上依然保持增加趋势，而第一产业逐渐降低，第二产业则保持相对稳定。珠江口沿岸各市，即广州、深圳、东莞、中山、珠海的第三产业比较发达，而离珠江口较远的地区，其第三产业发展依次减弱，服务业发展相对滞后。广州和深圳的第三产业比例在 2010 年都已超过 50%，两个城市已开始进入"后工业"时期。

2.3.2 生态环境概况

1980~2010 年，珠三角城市群城市景观总面积逐渐增加，但植被总面积持续下降，从 33 046.76 km² 下降至 31 979.83 km²，减少了 3.22%。其中 1980~1990 年，珠三角的植被保持相对稳定，1990~2000 年为珠三角植被面积主要下降期，该时段内植被面积减少最多的城市为广州、深圳、东莞，而 2000~2010 年则表现为先升后降的变化趋势。近三十年来，斑块密度逐年减小，表明总体景观破碎度降低，景观多样性指数增加，表明珠三角地区景观异质性增加。各城市中广州、深圳、佛山、东莞城市景观破碎化程度较其他城市要高，斑块密度始终排于城市群前列。同样植被斑块破碎度也呈下降变化趋势，由 0.51 降至 0.31。这是由于珠三角植被主要减少地区为城市外围的林地，大型山体的植被未有大的破坏，大面积的植被斑块保留较好，故植被斑块破碎度降低。

2000~2010 年，珠三角城市群总用水量先明显上升，后缓慢下降并保持稳定，在 2004 年总用水量达到最大值 256.1 亿 m³。由于珠三角地区第二产业占经济比重大，生产用水为其主要用水，占年均总用水量比重的 80% 以上。同时珠三角区域整体用水效率也逐年提高，单位 GDP 消耗水量逐年递减，重点城市广州、深圳、东莞和佛山四市平均用水效率要远高于珠三角其他非重点城市。珠三角耗能量也同用水量一样呈上升趋势，从 2005 年的 1536.97 万 t 上升到 2010 年的 2859.70 万 t，将近增长了一倍。在各城市中，广州、深圳、佛山和东莞居于能源消耗的前四位，要远高于其他非重点城市。但城市群能源效率也有明显提高，而能源利用效率与经济总量、产业结构相关性较大，重点城市能源利用效率高。

珠三角城市群 SO_2 排放量主要来自工业排放，十年间 SO_2 排放量在前五年（2000~2005 年）上升，在 2005 年达到最大值 646 784.58t，后五年（2005~2010 年）平稳下降，排放量得到削减，这与珠三角城市 2005 年后产业转移与产业环境管制工作的加强，高消耗、高排放以及高污染等产业开始被淘汰有关。其间重点城市广州、深圳、东莞、佛山的 SO_2 排放量最高，但十年间排放量已呈下降趋势，而非重点城市，如江门、惠州等则处于平缓上升的趋势。2000~2010 年，珠三角城市群单位土地面积烟粉尘排放量则呈现先下降后上升趋势，2000 年为 2.5t/km²，2005 年为 2t/km²，2010 年接近 3t/km²。其中东莞是珠三角城市群中单位土地面积烟粉尘排放量最大的城市，其次是佛山市，而广州市是唯一呈逐年减少的城市。

珠三角城市群水系发达，该地区优于 III 类水体断面比例呈波动变化趋势，十年间（2000~2010 年）有一定提升，由 2000 年的 60.6% 上升至 2010 年的 70%，各市比例差异较大，非重点城市河流水质优于重点城市。珠三角城市群 COD 排放量主要来自生活排放，排放总量在 2000~2010 年总体呈下降趋势。其中各城市的 COD 排放量有较大差异，惠州、广州和深圳处于前三位。同时珠三角河道交错，河流跨界污染现象突出，如东莞运河水系承纳了其半数以上镇区和市区的污水，同时其上游深圳市观澜河、木古河污水和石马河污水改道流入东莞运河，使东莞运河的纳污范围更广、污染压力更大。

珠三角城市群 2000~2010 年地表温度变化表现为高温斑块向外蔓延，2000 年，地表温度高温区十分集中，主要分布在广州—佛山同城地带，到 2005 年，珠三角腹地热力斑块进一步扩张，2010 年广州—佛山地表温度形成大面积的热力核心，高温斑块随着城市建设用地的扩展而延伸。至 2010 年，珠三角热力景观格局已形成环珠江口高温带，其中以四个重点城市为热力核心，珠海、中山成为珠江口西岸的主要高温区域。1981～1995 年，珠三角热岛强度呈缓慢上升，由 1981 年的 0.29℃上升至 1995 年的 0.58℃，其中深圳、东莞热岛强度上升较快，而其他各市在这一时期热岛强度上升幅度较小。1995～2005 年，珠三角热岛强度上了一个新台阶，热岛强度在 0.6～0.7℃波动，这一时期表现较为平稳。2005～2010 年，惠州、肇庆、江门等非重点城市热岛强度快速提高，导致珠三角热岛强度上升较大，这一时期热岛强度超过 0.8℃。

2.3.3　珠三角重点城市

（1）广州

广州位于 112°57′E～114°3′E，22°26′N～23°56′N，地处广东省中南部，东江、西江、北江交汇处，珠江三角洲北缘，濒临中国南海。广州作为广东省省会，管辖的城市总面积为 7434.4km²，是国务院定位的国际大都市，国家三大综合性门户城市之一，五大国家中心城市之一，与北京、上海并称"北上广"。2000～2010 年广州的人口数量从 994.3 万人增加到 1270.08 万人，GDP 从 2375.91 亿元增加到 10 748.28 亿元。

（2）深圳

深圳位于北回归线以南，113°46′E～114°37′E，22°27′N～22°52′N，地处广东省南部，珠江三角洲东岸，与香港一水之隔，东临大亚湾和大鹏湾，西濒珠江口和伶仃洋，南隔深圳河与香港相连，北部与东莞、惠州接壤。深圳作为中国改革开放建立的第一个经济特区，已发展为有一定影响力的国际化城市。2000～2010 年深圳的人口数量从 700.84 万人增加到 1035.79 万人，GDP 从 1665.24 亿元增加到 9581.51 亿元，创造了举世瞩目的"深圳速度"。同时深圳下辖 6 个行政区和 4 个新区，总面积 1996.85km²，享有"设计之都""钢琴之城""创客之城"等美誉。

（3）东莞

东莞地理坐标为 113°31′E～114°15′E，22°39′N～23°09′N，位于珠江口东岸，是广东重要的交通枢纽和外贸口岸。东莞制造业实力雄厚，产业体系齐全，号称"世界工厂"。同时，东莞是广东历史文化名城，也是著名的华侨之乡，有"音乐之城"、"科技之城"、"博物馆之城"和国家森林城市等美誉。东莞市辖 32 个镇（街道），其中包括 4 个街道和 28 个镇，总面积 2465km²，是全国 4 个不设县的地级市之一。2000～2010 年东莞的人口数量从 152.61 万人增加到 181.77 万人，GDP 从 489.73 亿元增加到 4246.45 亿元。

（4）佛山

佛山位于广东省中南部，地处珠江三角洲腹地，东倚广州，毗邻港澳，位于 113°06′E，23°02′N。佛山现辖禅城区、南海区、顺德区、高明区和三水区，全市总面积 3797.72km²。气候温和，雨量充沛，自古就是富饶的鱼米之乡。同时，佛山也是一个以工业为主导、三大产业协调发展的制造业名城，是"广佛都市圈""广佛肇经济圈""珠江-西江经济带"

的重要组成部分，全国先进制造业基地、广东重要的制造业中心，在广东省经济发展中处于领先地位。2000～2010 年佛山的人口数量从 332.46 万人增加到 370.89 万人，GDP 从957.20 亿元增加到 5651.52 亿元。

2.4　长株潭城市群

长株潭城市群包括长沙、株洲、湘潭 3 个城市，是湖南省经济最发达、城镇最密集的地区（周国华等，2001），3 市分别是湖南省第一、第三、第五大的城市，并且都是老工业基地。土地总面积占全省 13.3%，户籍总人口占湖南省总人口 19.6%，是湖南省经济发展的核心增长极。2007 年，长株潭城市群获批为全国资源节约型和环境友好型社会建设综合配套改革试验区。长株潭城市群一体化是中部六省城市中全国城市群建设的先行者，被《南方周末》评价为"中国第一个自觉进行区域经济一体化实验的案例"。对长三角的调查评估包括以长株潭城市群为主体的区域尺度的研究，以及以长沙市区作为重点研究对象的城市尺度的研究。

2.4.1　自然地理与社会经济概况

长株潭城市群位于湖南省中东部、湘江下游，长沙、株洲、湘潭 3 市沿湘江呈"品"字形分布，两两相距不足 20km，结构紧凑，是湖南省经济发展的核心。属于亚热带季风性湿润气候区域，气候温和、降水充沛、雨热同期、四季分明，年平均温度约为 17.2℃，年均降水量约为 1552.5mm。

2000～2010 年，长株潭城市群总人口呈现略微增加趋势，但湘潭市 2010 年人口总数有所下降。其中，长沙市总人口增长幅度较大，这与长沙市是湖南省省会城市，聚集人口的功能较强有关，株洲市的总人口变化较平稳，十年间总人口增长幅度较小。2000～2010年长株潭区域城市人口的比例呈现缓慢上升趋势，以长沙市增长幅度最大。其中 2005～2010 年比 2000～2004 年增长幅度大，这与发展后期城市化进程加快有关。

从人口密度来看，2000～2010 年变化不大，略有增加。各个区县 2000 年、2005 年和2010 年三个年度相比，长沙、株洲和湘潭 3 个市区人口密度远远大于所属的其他区县，而且呈现较快的增长趋势，各个区县人口密度较小，尤其是南部几个县。除长沙、株洲和湘潭 3 个市区以外的大部分区县人口密度都呈现下降趋势。这与长株潭城市化进程加快，城市具有聚集人口的功能有关。

在土地利用的变化方面，长株潭城市群林地覆盖面积比例最大（59.53%，2010 年），其次为耕地（31.93%，2010 年），人工表面所占比例相对较低（5.40%，2010 年）。但1984～2010 年，林地覆盖面积明显降低，耕地则呈现相对不明显的波动变化，而人工表面面积增加了三倍之多，其中主要是由林地转化而来。长株潭区域土地面积在 2000～2010年没有明显变化，但市区面积和建成区面积变化较大，尤其是 2005～2010 年，建成区面积增加迅速，建成区占土地面积比例也快速增加，从 2000 年的 0.88% 增加至 2010 年的

1.58%，表明长株潭的城市化强度逐年加强。长沙市耕地所占面积比例最大，其次为林地。2000~2010 年林地和耕地快速减少，而城镇快速增加，建成区面积逐年增加，尤其是 2005~2010 年，几乎扩大了一倍。株洲市林地面积比例超过 45%，为该区域最主要的土地类型，其次为耕地。2000~2010 年林地和耕地快速减少，而城镇快速增加，建成区呈现逐年稳定上升趋势。湘潭市土地类型主要为耕地，其次为林地。2000~2010 年林地和耕地快速减少，而城镇快速增加，建成区呈现逐年稳定上升趋势。在 3 个城市中，长沙的建成区面积增加最快，2010 年比 2001 年扩大了一倍多。从建成区面积占土地面积比例看，长沙最大，2010 年超过 2.3%，株洲最小，2010 年为 0.86%。

2000~2010 年长株潭城市群经济活动持续增强，长沙市、株洲市和湘潭市 GDP 基本呈现指数增长的趋势。2000~2005 年增长较为平稳，2005 年后增长较快。长沙市的 GDP 总值最大，且增长幅度也最快，2010 年长沙市的 GDP 达到 4500 亿元，相比于 2000 年增加了五倍，尤以长沙市区最为突出，这与长沙市作为湖南省会城市，是社会、经济、资源高地，国内社会生产总值增长较快有关。株洲市的 GDP 增长幅度也较大，2010 年全市的 GDP 达到 1563.9 亿元，相比于 2000 年增加了 4 倍左右。湘潭市生产总值和增长幅度最小，2010 年 GDP 为 1124.33 亿元，2005 年以后 GDP 增加幅度相对前五年加大，表明湘潭市经济水平提升强度逐渐加快。

2000~2010 年，长沙市、株洲市和湘潭市第三产业占 GDP 的比例呈现波动趋势，第二产业所占比例最高，在 40% 以上，第一产业所占比例较低，低于 20%。3 个城市相比，长沙市第一产业所占比例最低，低于 10%，且下降幅度较大，第三产业所占比例最高，在 45% 上下波动，但增长幅度不大。株洲市和湘潭市第一产业所占比例在各年度均高于 15%，其中前者呈下降趋势，后者变化不大，各年份第三产业所占比例基本低于 40%，十年间均呈现缓慢的下降趋势。

2.4.2 生态环境概况

长株潭城市群以林地生态系统为主（面积比例为 59.53%，2010 年），其次为耕地（面积比例为 31.93%，2010 年）。但 1984~2010 年，林地覆盖面积明显降低，大部分转化为人工地表。城市群整体平均植被覆盖面积比例在 2000~2010 年降低 0.7%，主要是前五年下降幅度大。其中长沙市植被覆盖面积比例下降 0.83%，是变化最剧烈的城市，株洲市植被覆盖面积比例下降 0.53%，而湘潭市则下降 0.55%，这 3 个城市都是前五年贡献了相对很大的下降幅度。2000~2010 年长沙市、株洲市和湘潭市都表现出林地和耕地斑块破碎度增加，而城镇小斑块减少，破碎度降低。

2005~2010 年长株潭的水资源总量增加，尤其是株洲市和湘潭市，但地下水资源量减少，用水总量基本持平，农业用水量减少，工业和居民生活用水量增加。其中长沙市工业用水量增长较快。2000~2010 年长株潭工业用水重复率呈上升趋势，长沙市在 2008 年后，株洲市和湘潭市在 2006 年后都达到 80% 以上，达到国内先进水平。2000~2010 年，单位 GDP 水耗呈现急剧地下降趋势，降低了几倍到十几倍。尤其是湘潭市的单位 GDP 耗水下降最快。这说明，随着节水措施的实施、设备的更新，技术的进步，长株潭的水耗已大大下降，节水效果十分显著。长株潭三个城市在 2000～2010 年，能源利用效率不断提高，即单位 GDP、单位工业产值耗能不断降低。2006～2010 年降低幅度比 2000～2005 年大，说明"十一五"期间，随着节能减排力度的增大，长株潭的能耗水平在逐年降低。

2000～2010 年，长株潭区域空气质量优良率呈现上升趋势，2010 年长沙、株洲和湘潭市空气质量优良率都达到 90% 以上。影响长株潭区域空气质量的主要污染物为 SO_2 和可吸入颗粒物。SO_2 浓度整体呈下降趋势，已经达到国家空气质量二级标准，PM_{10} 下降幅度则较大。对于水环境而言，长株潭单位土地面积 COD 排放量和单位建设用地 COD 排放量变化趋势基本类似，2000～2010 年都是先升后降。3 个城市中，长沙市的单位土地面积 COD 排放量和单位建设用地 COD 排放量最低，下降幅度也最大。湘潭市单位土地面积和单位建设用地 COD 排放量都较高，但 2010 年与 2000 年相比，下降趋势还是很明显的。2000～2010 年，长株潭的热岛效应出现几种较为明显的变化趋势：一是热岛效应出现较明显的区域有由长株潭城市建成区向所属区县（市）建成区蔓延的趋势；二是市辖区的城市热岛强度在逐年降低，而所属县（市）的热岛效应有逐年增强趋势；三是在长株潭南部茶陵县出现了一个新的高温区。

2.4.3　长株潭重点城市

长沙市介于 111°53′E～114°15′E，27°51′N～28°41′N 之间，地处湖南省东部偏北，湘江下游和湘浏盆地西缘，地势起伏较大，地貌类型多样。长沙作为湖南省省会，是全国两型社会建设综合配套改革试验区核心城市，国家"十二五"规划确定的重点开发区域，湖南省的政治、经济、文化、科教和商贸中心。长沙市幅员面积 1.1819 万 km^2，其中城区面积 2185 km^2。辖 6 个区、2 个县、代管 1 个县级市、5 个国家级开发区和 9 个省级园区。新设立的湘江新区，是打造"一带一路"的核心增长极和长江经济带的重要区域。2000～2010 年长沙的人口数量从 613.57 万人增加到 704.41 万人，GDP 从 656.41 亿元增加到 4547.06 亿元。

2.5　成渝城市群

成渝城市群位于我国西南地区，以成都和重庆两个特大城市为核心，包括南充、遂宁、自贡、泸州、内江、广安、绵阳、乐山、资阳 9 个大城市，以及眉山、宜宾、德阳、达州、雅安 5 个中小城市，总面积 18.5 万 km^2。成渝城市群是西部最具发展潜力的城市群，具有推动西部发展的重要意义，是西部大开发的重要平台，是长江经济带的战略支撑，也是国家推进新型城镇化的重要示范区（赵涛涛和张明举，2007）。成都、重庆核心引领作用不断增强，一批中小城市特色化发展趋势明显，县城（区）和建制镇分布密集，毗邻区域合作不断深化，一体化发展的趋势日益明显。对成渝城市群的调查评估包括以成渝城市群为主体的区域尺度的研究，以及以成都、重庆城市建成区作为重点对象的城市尺度的研究。

2.5.1 自然地理与社会经济概况

成渝城市群在地质构造上属于四川盆地地区，地形复杂、地貌类型多样，属于四川盆地的核心地带。成渝地区气候主要受东南和西南季风影响，相比同纬度其他区域偏暖湿，属亚热带湿润气候，年平均气温在 15℃左右，年平均降水为 1000mm。成渝城市群处于全国"两横三纵"城市化战略格局沿长江通道横轴和包昆通道纵轴的交汇地带，是全国重要的城镇化区域，具有承东启西、连接南北的区位优势。因此，成渝城市群逐渐成为西部地区城市最集中，人口密度最大，经济最发达的区域，是我国西南地区重要的经济区。

2000～2010 年成渝城市群总人口持续增长，但是常住人口则从 9258.25 万人减少至9175.19 万人，说明成渝地区是主要的劳动力输出地，大批人员出外务工。人口城镇化水平低于同期全国水平，但是人口城镇化率增长速度则高于同期全国水平，城镇化率由27.08%增至 46.63%，年均增长近两个百分点，表明成渝地区正经历着快速的人口城镇化。

成渝城市群 2000 年人口密度为 443 人/km²，2005 年人口密度为 430 人/km²，到 2010年人口密度为 431 人/km²，十年间人口密度变化不大，并且始终高于全国平均水平（139人/km²）。其中成都人口密度最大，2010 年达到 1134 人/km²，是成渝城市群均值的 2.63倍，远高于其他城市。而人口密度最小的是雅安市，人口密度不足 100 人/km²。

人口城镇化进程中，成渝城市群建成区近三十年的扩张也十分显著，从 1981 年的242.71 km² 增长到 2010 年的 2444.27 km²，其中增长最快的是德阳市。建成区面积最大的是成都和重庆两个特大城市，占据了成渝城市群建成区总面积的 66%，成都市 2010 年的建成区面积已经达到 822.14 km²，重庆则达到 788.38 km²。此外，建成区较大的为德阳和绵阳，而雅安和广安则是成渝地区建成区面积最小的城市，均小于 30 km²。

随着人口的增长、经济的快速发展、城市化水平的提高，十年来（2000～2010 年）成都市土地利用发生了明显改变。耕地面积由 2000 年的 42.46 万 hm²，减少到 2010 年的32.55 万 hm²，每年平均减少 0.9 万 hm²。伴随耕地面积的减少，城市建成区面积却逐年增多，表明成都的土地利用变化主要是农业用地转为城市用地。

2000～2010 年，成渝城市群经济活动强度快速增长，GDP 总量从 5086.01 亿元增至22 892.77 亿元，增幅为 350.1%，超过全国平均水平。其中贡献最大的城市为成都和重庆，雅安市 GDP 最低，到 2010 年为 284.54 亿元，但成渝区域内各城市的 GDP 总量在十年间都保持明显的增长趋势。除 GDP 总量外，成渝城市群 2000～2010 年单位土地面积GDP 也呈不断增加趋势，且后五年平均增长速度快于前五年。其中重庆增长幅度最大，其次为乐山市，成都单位土地面积 GDP 增长幅度处于中等水平，但是其单位土地面积 GDP值一直处于成渝地区首位，2010 年为 4480.5 万元/km²，是平均水平的 3.89 倍。

成渝城市群 2000～2010 年，产业结构趋于优化，其中第一产业比重持续下降，从2000 年的 21%降低至 2010 年的 12%。第二产业比例则不断增加，从 2000 年的 42%增至

2010 年的 50%。而第三产业比重则呈现先增加（由 2000 年的 37% 增至 2005 年的 40%）后降低的趋势（降至 2010 年的 38%）。

2.5.2 生态环境概况

成渝城市群植被覆盖比例较高，到 2010 年约有 95% 的土地面积为各种植被覆盖，以林地和耕地为主，占总绿地面积的 92.9%。2000~2010 年植被覆盖比例呈现略微下降趋势，其中林地面积比例有所上升，而耕地面积则有所减少。从各地级市来看，所有城市的绿地覆盖均减少，其中成都、重庆和德阳下降幅度最为明显。2000~2010 年成渝城市群绿地斑块破碎度总体呈略微下降的趋势，其中林地和草地斑块破碎度都有所下降，但耕地斑块的破碎度则明显上升。

成渝城市群 2000 年水资源利用效率最低的城市是眉山市，每万元 GDP 用水量 1237.2t，效率最高的是成都市，为 313.3t。特大城市重庆水资源利用效率为 355.0t，在所有城市中利用效率处于较高水平。到 2010 年各市水资源利用效率均有大幅度提升，其中增长速率最快的是成都市。2010 年，成渝城市群能源利用强度最高的城市是成都市，达到 3611.28t/km^2，同时其能源利用效率也是最高的，单位 GDP 能耗为 0.8t/万元（2010 年）。利用强度最低的是雅安市，仅为 209.19t/km^2，不及成都市的 1/10。能源利用效率最低的是广安、乐山和达州市，单位 GDP 能耗均为 2.2t/万元（2010 年）。成渝城市群 2010 年能源利用强度与 2005 年相比大幅提升，由 2005 年的 629.87t 增加到 1303.71t，增长 106%。同时能源利用效率也有明显提升，其中成都单位 GDP 能耗下降幅度最大。

成渝城市群地貌以丘陵、山地为主，水土流失风险较高，各城市的水土流失所占面积比例都较大，其中最大的是雅安市，2000~2010 年水土流失面积始终高于 50%。但随着环境治理的改善，水土流失现象有所好转，各城市水土流失面积比例呈下降趋势，下降幅度约为 2%。成渝城市群土壤污染严重，主要是重金属 Cd 的污染，十年来污染状况没有明显改善，且超标的元素增加，污染物更为复杂，除城区外，郊区及其耕地污染同样严重，已经对食品安全造成威胁。成渝城市群酸雨污染形势同样严峻，主要属于硫酸型酸雨，十年间污染状况趋于加重，其中宜宾市是污染最为严重的城市，而成都和重庆也较为严重。

成渝地区主要污染物为可吸入颗粒物和 SO_2，2000 年成都和重庆 PM_{10} 检测值分别为 0.198mg/m^3 和 0.2mg/m^3，均严重超过国家二级标准，到 2005 年成渝地区大部分城市的 PM_{10} 值均超过了 0.1mg/m^3，超过国家二级标准，到 2010 年各城市的 PM_{10} 值都有较明显的降低，空气质量有所上升。2000 年成渝地区 SO_2 浓度值总体偏低，但部分城市，如自贡和重庆均严重超过国家二级标准，2005 年 SO_2 浓度明显升高，大部分城市都超过国家二级标准，最为严重的是德阳市，到 2010 年 SO_2 污染有所好转，大部分城市 SO_2 浓度明显降低，表明该区域的 SO_2 污染得到了较好的控制。

成渝城市群 2010 年所有河流断面优良率为 81.94%，主要河流中，沱江水质最差，而长江干流的水质较好。除了主要河流之外，成渝地区也有众多的水库，但水库富营养情况较严重，各城市水库均达到了轻度或者中度富营养化状态，其中重庆市长寿湖水质最差。成渝城市群单位 GDP 的 COD 排放量在 2000～2010 年保持先下降后略微上升的趋势，但单位土地面积的 COD 排放量则持续上升，且后五年增长速度远大于前五年，表明随着经济的快速发展水污染情况加重，但由于技术的提升，水环境利用效率有所提高。

成渝城市群各市建成区热岛效应较为明显。成都市的热岛强度（2.1℃）最大，重庆市的热岛效应强度（1.7℃）仅次于成都市。热岛效应较弱的城市有自贡市、宜宾市、内江市和泸州市。2000～2010 年成渝地区中成都、绵阳、乐山、自贡、泸州市热岛强度保持明显的下降趋势，其他城市热岛强度则处于不规则波动状态。

2.5.3　成渝重点城市

（1）成都

成都市位于四川省中部，四川盆地西部，介于 102°54′E～104°53′E 和 30°05′N～31°26′N 之间，全市东西长 192km，南北宽 166km，总面积 14 605km²，其中耕地面积 648 万亩①。成都境内地势平坦、河网纵横、物产丰富、农业发达，自古就有"天府之国"的美誉。成都市下辖锦江区等 10 区 5 县和 5 县级市，被定位为国家重要的高新技术产业基地、商贸物流中心和综合交通枢纽，西部地区重要的中心城市。2000～2010 年成都的人口数量从 1013.36 万人增加到 1149.07 万人，GDP 从 1312.99 亿元增加到 5551.33 亿元。

（2）重庆

重庆位于中国西南部、长江上游地区，地跨 105°11′E～110°11′E、28°10′N～32°13′N 之间的青藏高原与长江中下游平原的过渡地带。重庆市辖 24 个区、10 个县、4 个自治县，辖区东西长 470km，南北宽 450km，幅员 82 402.95km²，为北京、天津、上海三市总面积的 2.39 倍。重庆作为直辖市、超大城市、国家中心城市，是长江上游地区经济中心、金融中心和创新中心，政治、文化、科技、教育、艺术等中心，也是西南地区最大的工业城市，国家实施西部大开发和长江经济带西部地区的核心增长极。2000～2010 年重庆的人口数量从 3090.45 万人增加到 3303.45 万人，GDP 从 1589.60 亿元增加到 7925.58 亿元。

2.6　武汉城市群

武汉城市群位于中国"中部之中"的经济腹地，是中国东西部产业梯度转移的桥梁和纽带，也是中部崛起的重要战略支点（方创琳和蔺雪芹，2008）。面积不到湖北省三分之一的武汉城市群，集中了全省一半以上的人口、六成以上的 GDP 总量，是中国中部最大的城市组团之一。2007 年 12 月 7 日，国务院正式批准武汉城市圈为"全国资源节约型和环境友好型社会建设综合配套改革试验区"。其中，武汉是中国重要的工业基地、科教基地和综合交通枢纽。对武汉城市群的调查评估包括以成渝城市群为总体的区域尺度的研

---

　　①　1 亩约为 666.67m²。

究，以及以武汉市建成区（武汉市三环内）为重点对象的城市尺度的研究。

2.6.1 自然地理概况

武汉城市群（又称"1+8"城市群）处于湖南省东部、长江中游南岸，是以湖北省的武汉为中心，与周围的黄石、鄂州、孝感、黄冈、咸宁、仙桃、潜江、天门8个城市构成区域经济联合体，是湖北产业和经济最集中的核心区域。地形上以平原为主，有少量低山丘陵，属于亚热带季风性湿润气候区，雨量充足、四季分明，平均最低温为1℃、最高温为28.7℃，年降雨量达到1050~1200mm。

武汉城市群由2000年的3026.28万人上升到2010年的3189.59万人，其中武汉市涨幅最为明显，其他城市总人口基本保持稳定。城市群城市化人口比例也相应由35.54%上升到39.81%，其中主要是武汉、黄石和鄂州市城市化人口比例上升比较明显，到2010年城市化人口比例已经超过50%，而其他城市相对保持稳定，且城市化人口比例平均水平低于30%。表明武汉城市群中武汉、黄石和鄂州市城市化水平较高，且发展快速。

武汉城市群的人口密度相比长三角和珠三角城市群要低，2010年其城市群人口密度为550.73人/km²，人口分布主要集中在城市群中部，南部和北部较少，武汉人口密度最大（945人/km²），其次是鄂州市（693人/km²），而咸宁人口密度最低（276人/km²）。近十年来，武汉城市群人口密度总体呈缓慢增长的趋势（由522.53人/km²增至550.73人/km²），各城市的人口密度大体都呈上升趋势。

在土地利用类型方面，武汉城市群以农田生态系统为主（30 702.2 km²），其次为林地（15 277.5 km²）、湿地（7263.5 km²）和建设用地（4024.5 km²）。1980~2010年，农田减少1505.8 km²，湿地减少451.6 km²，林地减少405 km²，而同时建设用地则增加了2425.4 km²。近三十年来，武汉城市群建设用地持续增加，新增人工表面的主要来源为耕地，其中1980~1990年建设用地面积比例由2.8%增至2.9%，表明该时段城市群内城市扩展缓慢。到2000年建设用地面积比例上升至4.4%，其中武汉市建设用地扩展幅度最大。到2010年建设用地面积比例进一步上升至6.9%，各城市扩展迅速，武汉始终保持最快的扩展速度和最大的建设用地面积，成为该城市群的核心城市。

武汉城市群平均单位土地面积GDP为1163.75万元/km²（2010年），其中武汉市贡献最大，单位土地面积GDP为6510.85万元/km²（2010年），远超该区域的平均水平，其次分别为鄂州、黄石、潜江和仙桃市，黄冈市单位土地面积GDP最小，为495.23万元/km²（2010年）。2000~2010年，武汉城市群单位土地面积GDP保持上升趋势，十年内增加幅度为1278.56万元/km²，各城市都保持增加趋势，同样武汉市增加幅度最大，为5099.12万元/km²，黄冈市增加幅度最小，为359.14万元/km²。表明武汉城市群近十年经济活动持续增强、迅速发展，但区域内各城市发展速度并不均衡，武汉市遥遥领先，是武汉城市群的经济活动中心。

武汉城市群产业结构主要以第二、三产业为主，且2000~2010年该区域持续推进产业结构调整和优化，第一产业比重减少（14.59%~9.88%），第二产业比重增加

（44.67% ~46.46%），第三产业比重同样增加（40.73% ~43.65%），表明武汉城市群经济结构层次正在逐年提高。但是各城市中除了武汉市呈现明显的工业化中后期的"三二一"型的现代型产业结构外，其他城市均呈现"二三一"型的产业结构，第三产业比重的相对滞后表明武汉城市群总体产业发展结构尚存在不合理之处。

2.6.2　生态环境概况

武汉城市群植被覆盖面积约为 15 972.90 km^2（2010 年），占土地面积的 27.60%。1980 ~2010 年武汉城市群植被覆盖面积整体呈现下降趋势，其中鄂州、武汉和咸宁市的植被覆盖下降最为明显。2000 ~2010 年武汉城市群植被斑块破碎度整体下降，斑块密度由 0.3319 个/km^2 减少至 0.3275 个/km^2。各城市的植被斑块破碎度均呈下降趋势，其中下降最为明显的是鄂州市，其次为武汉市。

武汉城市群水资源利用效率有显著提升，单位 GDP 耗水量由 2000 年的 82.22 万 t/亿元降至 17.98 万 t/亿元。其中武汉市单位 GDP 耗水量从 2000 年的 80 万 t，逐渐在波动中下降为 2010 年的不到 20 万 t，单位 GDP 耗水量减少了 3/4。单位土地面积的能源消耗基本呈下降趋势，单位 GDP 耗能也有所增加，表明能源利用率保持增长趋势。武汉市的单位 GDP 能耗从 2000 年的 2tce 下降至 2010 年的 1tce。

武汉城市群内水土流失情况严重，面积达到 16 093.2 km^2，约占土地总面积的 27.8%，水土流失主要类型为水力侵蚀，局部地区为重力侵蚀。黄山市由于植被覆盖较低，以及长期的矿产开采，水土流失成为该地区主要的生态环境问题，目前水土流失面积达到 1312.72 km^2，是武汉城市群水土流失治理重点区域。此外，黄冈和武汉水土流失情况也很严重。此外武汉城市群酸雨情况也比较严重，其中咸宁、黄冈和武汉的酸雨检出率都达到 30% 以上，而武汉的酸雨强度最强。

武汉城市群的空气污染物主要为 SO_2，其中武汉、黄冈、鄂州、孝感、黄石和咸宁六个城市的 SO_2 排放量均高于其他污染物。武汉市除了 SO_2 外，也保持了较高的烟尘排放量。近年来，大气污染程度具有下降趋势，2002 ~2010 年，除武汉、黄冈、黄石外，城市群各市空气质量二级达标天数比例基本在 80% 以上。武汉城市群部分水体污染较为严重，汉江中下游近年来多次发生"水华"现象。而单位 GDP 的 CO_2 排放量由 2005 年的 2.72t/万元下降至 2010 年的 2.19t/万元，表明武汉城市群的 CO_2 排放增速得到了一定程度的抑制。

武汉城市群地表温度的分布与城市发展有着较好的一致性，高温集中分布于建设密度大、人口集中的城市中心区和城镇的建成区，而低温则分布于大型水体及城市的近郊和郊区的植被覆盖区。随着城市化的发展，武汉城市群低温区域面积减少，而高温区面积则明显增加，热岛范围扩张。热岛效应的强度也明显增加，从 2000 年的 3.85℃ 上升至 2010 年的 4.71℃。其中武汉始终保持着较高的热岛强度（4.53 ~4.65℃），但近十年变化不大，而黄石、孝感和鄂州则表现出较大的热岛强度增加幅度，表明近年来这些城市的"城郊"人类活动强度和地表覆盖差异逐渐增大。

2.6.3　武汉城市群重点城市

　　武汉位于113°41′E～115°05′E、29°58′N～31°22′N，地处长江中下游平原，江汉平原东部，中间被长江、汉江呈Y字形切割成三块，形成水系发育、山水交融的复杂地形。武汉作为湖北省省会，是中国重要的工业基地、科教基地和综合交通枢纽。截至2015年，武汉市下辖13个市辖区，3个国家级开发区，总面积8594km²。2000～2010年武汉的人口数量从749.19万人增加到836.73万人，GDP从1206.83亿元增加到5565.93亿元。

第3章 调查与评估总体框架与指标体系

本章首先介绍了在全国、城市群及重点城市三个尺度上的调查与评估总体技术流程，进而详细阐述了各个尺度上的调查内容与指标体系，以及评估内容与指标体系。调查和评估内容、指标体系的构建，综合考虑了指标的代表性，数据可获取性、可比性、完整性，以及统计口径差异等。

3.1 调查与评估总体技术流程

在全国（以地级市为分析单元）、城市群及重点城市三个尺度，分别设计相应的调查、评估方法。在全国地级市层面，主要基于统计年鉴等数据开展调查评估；在城市群和重点城市层面上，主要基于遥感数据，辅以地面监测数据和统计数据，开展调查评估。

3.1.1 全国地级市调查与评估总体技术流程

以《中国城市统计年鉴》（2001 年、2006 年、2011 年）、《中国城市建设统计年鉴》（2001 年、2006 年、2011 年）和《中国区域经济统计年鉴》（2001 年、2006 年、2011年）等统计数据为数据源，建立全国地级市生态环境调查与评估基础数据库。从数据库中选取城市化及生态环境的相关指标，建立评价体系，进而对全国地级市整体以及不同类别地级市的城市化与生态环境效应进行研究。

技术路线主要包括三个部分（图 3-1）：数据收集与预处理、信息提取及综合分析。数据收集包括对全国生态环境数据以及社会经济数据的收集，以及数据录入建立全国地级市生态环境遥感调查与评估基础数据库。信息提取部分分别提取规模城市化、经济城市化、人口城市化、用地城市化等反映城市化水平的指标，以及生态占用、环境污染、生态建设、环境治理等反映生态环境状况的指标。最后，对所有地级市的城市化与生态环境情况进行单项评估，进一步对不同类型城市进行综合比较。

3.1.2 城市群及重点城市调查与评估总体技术流程

以环境卫星、TM、SPOT、ALOS 等遥感卫星数据、基础地理数据、行业专题数据和社会经济统计数据为数据源，通过数据整合建立城市群生态环境遥感调查与评估基础数据库，并以之作为后续工作的基础。根据城市群和重点城市建成区生态环境遥感分类和地表参数反演结果，结合地面调查，并利用统计和环境监测数据，在城市群和城市建成区两个

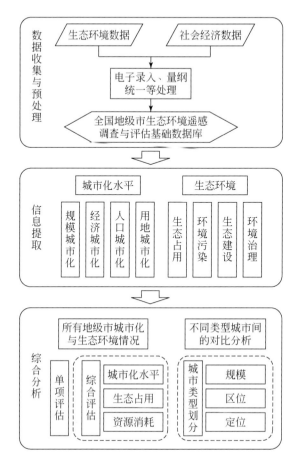

图 3-1　全国地级市生态环境状况调查评价技术路线

尺度上进行城市群生态系统与环境质量状况及十年变化、建成区扩展过程、强度和影响、生态环境质量评价、生态环境效应分析，形成相关的报告和专题图件。

技术路线如图 3-2 所示，主要包括四个步骤。

（1）数据收集与预处理

需要收集的数据包括城市群的多源遥感数据、基础地理数据、行业专题数据和社会经济数据。对多源遥感数据进行辐射校正和几何校正等预处理，对基础地理数据进行矢量化和几何校正等预处理，对行业专题数据和社会经济数据进行电子录入、量纲统一、空间化等预处理，并在此基础上建立城市群生态环境遥感调查与评估基础数据库。

（2）信息提取

信息提取主要包括重点城市生态系统类型的提取及城市生态参数的反演。其中城市生态系统类型包括绿地、水域、裸地等透水层以及建筑物、道路、广场等不透水层，城市生态参数主要包括地表温度、地面生物量等参数。城市群生态系统类型的遥感分类数据和地表参数反演数据，将通过对全国生态系统类型分类结果及其地表参数反演结果数据进行核查和修正后得到。

（3）综合分析

在城市群和城市建成区两个尺度上分析该地区的生态系统与环境质量状况及变化，城市群建成区扩展过程、强度和影响，以及城市群综合生态环境质量评价及变化。在此基础上分析城市群城市化生态环境效应，最后总结城市化生态环境问题并提出对策。

（4）成果产出

产出成果主要有：城市群 2000～2010 年生态环境状况遥感调查与评价专题报告、城市群 2000～2010 年生态环境状况遥感调查与评价专题图集。

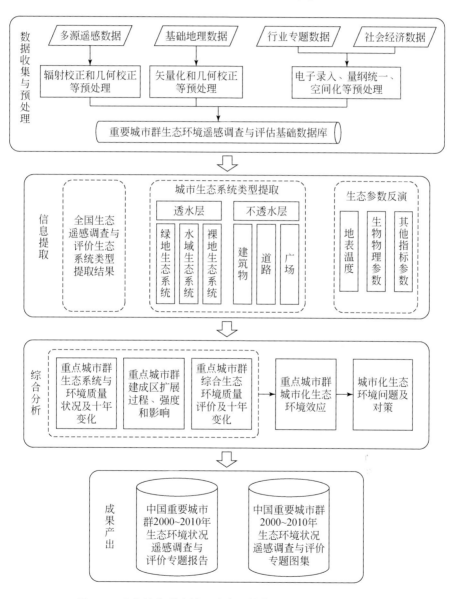

图 3-2　重点城市群和城区生态环境状况调查评价技术路线

3.2 调查指标体系

调查指标体系的建立是以我国城市群生态环境信息基础数据库为基础，可为充分了解生态系统及环境质量的各方面特征，为我国区域生态环境变化及其驱动力分析、城市化生态环境问题辨识、生态环境管理政策和制度建设提供基础性信息支撑。全国地级市与城市群及重点城市分别设计了相应的调查指标体系。

3.2.1 全国地级市调查指标体系

以城市社会–经济–自然复合生态系统理论为指导（马世骏和王如松，1984），全国地级市调查指标包括城市的自然条件、资源效率、经济发展、社会进步和生态环境五大类。各大类指标再细分为具体的调查项目（表3-1）。

表3-1 全国地级市生态环境状况调查内容与指标

序号	调查内容	调查指标	数据来源
1	自然条件	a. 年均气温；b. 年均降水量；c. 日照时数	统计数据
2	资源效率	a. 城市建成区面积及分布；b. 国土GDP产出率；c. 万元GDP水耗；d. 万元GDP能耗；e. 人均用水量；f. 人均用电量	统计数据
3	经济发展	a. 人均GDP；b. 人均财政收入；c. 产业结构比例；d. 第三产业从业人员比例；e. 职工平均工资；f. 居民人均收入；g. 基尼指数；h. 恩格尔系数	统计数据
4	社会进步	a. 城市化率；b. 人口密度；c. 每万人拥有高等教育人数；d. 每万人拥有中专及中技人数；e. 人均教育年限；f. 人均期望寿命；g. 人均医院床位数	统计数据
5	生态环境	a. 绿化覆盖率；b. 森林覆盖率；c. 人均公园面积；d. 人均生态用地面积；e. 重要生态功能区比例；f. 每平方千米二氧化硫排放量；g. 每平方千米二氧化碳排放量；h. 工业废水排放达标率；i. 垃圾无害化处理率	统计数据

3.2.2 城市群及重点城市调查指标体系

根据调查和评价目标，从自然条件、社会经济与资源、城市扩张、生态状况和环境状况5个方面选择调查指标。为从不同方面鉴别城市化区域和城市建成区生态环境问题的差异，分别建立了城市群和重点城市建成区生态环境状况调查内容与指标（表3-2，表3-3）。

表3-2 城市群生态环境状况调查内容与指标

序号	调查内容	调查指标	数据来源
1	自然条件	a. 年均气温；b. 年极端最高气温；c. 年极端最低气温；d. 月平均气温；e. 月极端最高气温；f. 月极端最低气温	气象部门

续表

序号	调查内容	调查指标	数据来源
1	自然条件	a. 年均降水量；b. 月均降水量；c. 多年平均降水量；d. 逐月多年平均降水量	地面气象站监测数据
		a. 地表水资源量（主要河流、湖泊、水库年均水位与流量）；b. 地下水资源量	统计数据
2	社会经济与资源	a. 行政区土地面积	遥感数据
		a. 人口总数；b. 城市与乡村人口；c. 户籍与常住人口	统计数据
		a. 国民生产总值；b. 分产业产值与结构	统计数据
		a. 城市建成区面积及分布	统计数据、遥感数据
		a. 各等级公路长度及分布状况；b. 各类型铁路及分布；c. 港口规模及分布	交通图件、统计数据
		a. 社会用水量；b. 分行业用水量	水利统计
		a. 能源消费总量：第一产业、第二产业、第三产业	统计数据
3	城市扩张	a. 不透水地面（按人工建筑和道路分类）面积与分布	遥感数据
4	生态状况	a. 各类生态系统的面积、比例、斑块大小、多样性、斑块密度和连接度	遥感数据
		a. 生物量	NDVI 数据+遥感获取的植被分布
		a. 不同程度风蚀土壤侵蚀面积与分布；b. 不同程度水蚀土壤侵蚀面积与分布	遥感数据
		a. 植被类型、面积与分布	遥感数据
		a. 地表温度分布图	遥感数据
5	环境状况	a. 河流监测断面水质与级别（常规监测各项指标：pH、溶解氧、高锰酸盐指数、BOD_5、氨氮、石油类、挥发酚、汞、铅等）；b. 湖泊水质；c. 河流和湖泊水功能与水质目标	环境监测数据
		a. 空气环境监测站点分布；b. 各站点主要空气污染物浓度，如 SO_2 浓度、NO_2 浓度、PM_{10} 浓度等	环境监测数据
		a. 酸雨频率及其空间分布特征；b. 酸雨年均 pH 及其空间分布特征	环境监测数据
		a. 工业废水排放量，生活废水排放量；b. 工业 COD 排放量，生活 COD 排放量；c. 工业氨氮排放量，生活氨氮排放量	环境统计
		a. 工业废气排放量，生活废气排放量；b. 工业烟尘排放量，生活烟尘排放量；c. 工业粉尘排放量；d. 工业氮氧化物排放量，生活氮氧化物排放量；e. 工业 SO_2 排放量，生活 SO_2 排放量；f. 工业 CO_2 排放量，生活 CO_2 排放量	环境统计
		a. 工业固体废物排放量；b. 生活垃圾排放量；c. 城市垃圾堆放点、面积及分布	环境统计、遥感数据
		a. 化肥施用量；b. 农药使用量；c. 耕地面积	农业统计

表 3-3　重点城市建成区生态环境状况调查内容与指标

序号	调查内容	调查指标	数据来源
1	自然条件	a. 年均气温；b. 年极端最高气温；c. 年极端最低气温；d. 月平均气温；e. 月极端最高气温；f. 月极端最低气温	气象部门
		a. 年均降水量；b. 月均降水量；c. 多年平均降水量；d. 逐月多年平均降水量	地面气象站监测数据
2	社会经济与资源	a. 城市人口总数（人均收入、人均 GDP、人口年龄比例、受教育程度）	统计数据
		a. 城市建成区面积及分布	遥感数据、统计数据
		a. 社会用水量；b. 分行业用水量	统计数据
		a. 能源消费总量：第一产业、第二产业、第三产业	统计数据
3	城市扩张与建成区格局特征	a. 不透水地面（按人工建筑和道路分类）面积、比例与分布	遥感数据
4	生态状况	a. 城市绿地类型、面积与分布（斑块大小、斑块密度、边界密度、形状指数、连接度、破碎度）	TM-NDVI 数据
			遥感数据
		a. 地表温度分布图	遥感数据
5	环境状况	a. 河流监测断面水质与级别（常规监测各项指标：pH、溶解氧、高锰酸盐指数、BOD_5、氨氮、石油类、挥发酚、汞、铅等）；b. 湖泊水质；c. 河流和湖泊水功能与水质目标	环境监测数据
		a. 空气环境监测站点分布；b. 各站点主要空气污染物浓度，如 SO_2 浓度、NO_2 浓度、PM_{10} 浓度等	环境监测数据
		a. 工业废水排放量，生活废水排放量；b. 工业 COD 排放量，生活 COD 排放量；c. 工业氨氮排放量，生活氨氮排放量	环境统计
		a. 工业废气排放量，生活废气排放量；b. 工业烟尘排放量，生活烟尘排放量；c. 工业粉尘排放量；d. 工业氮氧化物排放量，生活氮氧化物排放量；e. 工业 SO_2 排放量，生活 SO_2 排放量；f. 工业 CO_2 排放量，生活 CO_2 排放量	环境统计
		a. 工业固体废物排放量；b. 生活垃圾排放量；c. 城市固体垃圾堆放点、面积及分布	环境统计、遥感数据

3.3　评价指标体系

评价指标体系是在调查指标的基础上，筛选一定数量的指标或构建一定数量的新指标，来评价全国地级市、重点城市群区域与重点城市建成区的生态环境综合质量及其效应。全国地级市、城市群及重点城市分别设计了相应的评价指标体系。

3.3.1　全国地级市评价指标体系

针对全国地级城市的城市化水平和生态环境影响，分别选取具有代表性的单项指标，分析十年间各项指标的时空演变格局。其中，城市化水平的测度指标包括规模城市化、经济城市化、用地城市化和人口城市化四类，共 14 个单项指标（表 3-4）；生态环境影响的测度指标包括生态占用、环境污染、生态建设和环境治理等四类，共 13 个单项指标（表 3-5）。

表 3-4　全国地级城市城市化水平测度指标

二级指标	三级指标
规模城市化	1. 年末总人口/万人 2. GDP/亿元 3. 建成区面积/km²
经济城市化	4. 人均 GDP/万元 5. 人均财政收入/万元 6. 人均工业产值/万元 7. 第三产业比重/%
人口城市化	8. 市辖区人口密度/(人/km²) 9. 城镇人口比重/% 10. 人均教育经费支出/元 11. 每万人拥有高等教育水平人数/人 12. 每万人拥有中学教育水平人数/人
用地城市化	13. 人均居住面积/m² 14. 人均道路面积/m²

表 3-5　全国地级城市生态环境影响测度指标

二级指标	三级指标
生态占用	1. 人均生态用地/hm² 2. 生态用地比例/%
环境污染	3. 工业废水排放量/万 t 4. 工业烟尘排放量/万 t 5. 工业二氧化硫排放量/万 t
生态建设	6. 人均绿地面积/m² 7. 建成区绿地覆盖率/%
环境治理	8. 城市生活垃圾无害化处理率/% 9. 工业固体废物处置利用率/% 10. 城镇生活污水集中处理率/% 11. 万元 GDP 工业废水排放强度/(t/万元) 12. 万元 GDP 工业烟尘排放强度/(kg/万元) 13. 万元 GDP 工业二氧化硫排放强度/(kg/万元)

构建了城市化水平和生态环境影响两个综合指数，对全国地级城市十年城市化的水平及其生态环境影响开展综合评价。其中，城市化水平综合指数包括规模城市化、经济城市化、用地城市化和人口城市化等四类，共11个单项指标；生态环境影响综合指数包括污染物排放总量、污染物排放强度、生态占用和资源消耗等四类，共11个单项指标（图3-3）。

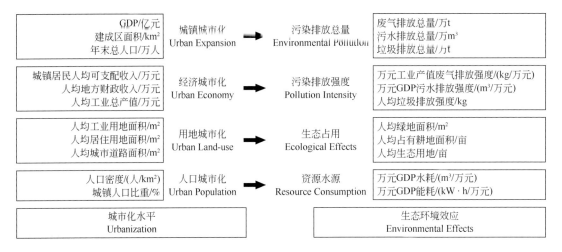

图 3-3　全国地级城市的城市化水平与生态环境影响评价指标

3.3.2　城市群及重点城市评价指标体系

在调查指标的基础上，筛选一定数量的指标或构建一定数量的新指标来评价重点城市群区域与重点城市建成区的生态环境综合质量及其效应。指标框架包括城市化强度、生态质量、环境质量、资源环境效率、生态环境胁迫、城市化的生态环境效应等六个方面。为从不同方面鉴别城市化区域和重点城市建成区生态环境问题的差异，分别建立了重点城市群和重点城市建成区的评价内容和指标体系（表3-6，表3-7）。

表 3-6　城市群生态环境评估内容与指标

序号	评价目标	评价内容	评价指标	数据来源
1	城市化强度	1. 土地城市化	建成区面积及其占土地面积比例	遥感数据
		2. 经济城市化	第一产业、第二产业和第三产业比例	统计数据
		3. 人口城市化	城市化人口比例	统计数据
2	生态质量	4. 植被破碎化程度	斑块密度	遥感数据
		5. 植被覆盖	植被覆盖面积及其所占土地面积比例	遥感数据
		6. 生物量	植被单位面积生物量	遥感数据
		7. 土地退化	不同等级水土流失面积比例	遥感数据、统计数据

序号	评价目标	评价内容	评价指标	数据来源
3	环境质量	8. 地表水环境	河流Ⅲ类水体以上的比例；主要湖库面积加权富营养化指数	环境监测数据
		9. 空气环境	空气质量达二级标准的天数	环境监测数据
		10. 土壤环境	土壤污染程度	环境监测数据+实地调查
		11. 酸雨强度与频度	年均降雨 pH、酸雨年发生频率	统计数据
4	资源环境效率	12. 水资源利用效率	单位 GDP 水耗（不变价）	统计数据
		13. 能源利用效率	单位 GDP 能耗（不变价）	统计数据
		14. 环境利用效率	单位 GDP CO_2 排放量、单位 GDP SO_2 排放量、单位 GDP COD 排放量	统计数据
5	生态环境胁迫	15. 人口密度	单位土地面积人口数	统计数据
		16. 水资源开发强度	国民经济用水量占可利用水资源总量的比例	统计数据
		17. 能源利用强度	单位土地面积能源消费量	统计数据
		18. 大气污染	单位土地面积 CO_2 排放量、单位土地面积 SO_2 排放量、单位土地面积烟粉尘排放量	统计数据
		19. 水污染	单位土地面积 COD 排放量	统计数据
		20. 经济活动强度	单位土地面积 GDP	统计数据
		21. 热岛效应	城乡温度差异	遥感数据+气象数据

表 3-7　重点城市建成区生态环境评估内容与指标

序号	评价目标	评价内容	评价指标	数据来源
1	城市化强度	1. 土地城市化	不透水地表面积占建成区面积比例	遥感数据
		2. 经济城市化	第一产业、第二产业和第三产业比例	统计数据
		3. 人口城市化	建成区人口密度	遥感数据、统计数据
2	城市景观格局	4. 地表覆盖比例	不同地表覆盖比例	遥感数据
		5. 地表覆盖分布	斑块面积、边界密度	遥感数据
3	生态质量	6. 绿地构成	城市建成区绿地面积比例、城市人均绿地面积	遥感数据
		7. 绿地分布	绿地空间分布均匀性指数	遥感数据
4	环境质量	8. 地表水环境	河流Ⅲ类水体以上的比例；主要湖库面积加权富营养化指数	环境监测数据
		9. 地下水环境	地下水水位	环境监测数据
		10. 空气质量	空气质量达二级标准的天数比例	环境监测数据
		11. 土壤质量	典型重金属浓度（铅、镉、铜、锌）	环境监测数据+实地调查
		12. 酸雨强度与频度	年均降雨 pH、酸雨年发生频率	统计数据

续表

序号	评价目标	评价内容	评价指标	数据来源
5	资源环境效率	13. 水资源利用效率	单位 GDP 水耗（不变价）	统计数据
		14. 能源利用效率	单位 GDP 能耗（不变价）	统计数据
		15. 环境利用效率	单位 GDP CO_2 排放量、单位 GDP SO_2 排放量、单位 GDP 烟粉尘排放量、单位 GDP COD 排放量	统计数据
6	生态环境胁迫	16. 人口密度	单位土地面积人口数	统计数据
		17. 水资源开发强度	国民经济用水量占可利用水资源总量的比例	统计数据
		18. 地下水利用强度	地下水用水量占可利用地下水水资源总量的比例；地下水水位	统计数据
		19. 能源利用强度	单位土地面积能源消费量	统计数据
		20. 大气污染	单位土地面积 CO_2 排放量、单位土地面积 SO_2 排放量、单位土地面积烟粉尘排放量、单位土地面积氮氧化物排放量	统计数据
		21. 水污染物排放强度	单位土地面积 COD 排放量、单位土地面积氨氮排放量	统计数据
		22. 固体废弃物	单位土地面积固体废弃物总量	遥感数据+统计数据
		23. 经济活动强度	单位土地面积 GDP	统计数据
		24. 热岛效应	城乡温度差异、建成区地表温度差异	遥感数据

第4章 | 调查与评估技术方法

第3章介绍了全国地级市、城市群及重点城市开展调查与评估的总体技术流程，并且介绍了调查指标体系与评价指标体系。在此基础上，本章进一步介绍开展调查与评估的具体技术方法和计算公式。

本章主要介绍各种类型生态环境数据的收集与处理方法、遥感数据的分析和处理方法、城市化及其对生态环境影响的分析与评价方法，以及全国地级市、城市群、重点城市三个尺度上各评价指标的含义及计算方法。

4.1 数据收集与处理

在全国、城市群以及重点城市尺度上对城市化过程、生态环境状况与质量所进行的调查和评价，需要多种类型数据的支持。收集包括遥感数据、专题空间数据、社会统计数据、环境监测与统计数据、流域水文数据及基础地理数据；介绍这些不同类型数据的收集与处理方法。

4.1.1 遥感数据预处理

本课题需要收集的遥感数据主要包括三类：中分辨率卫星遥感数据、中高分辨率遥感数据以及亚米级高分辨率遥感数据。中分辨率遥感卫星数据以 Landsat TM/ETM+数据为主，中高分辨率数据以 SPOT-5 和 ALOS 数据为主，亚米级高分辨率遥感数据以 QuickBird、IKONOS 数据为主，按需要订购数据。本节介绍遥感数据预处理的技术要求和技术流程。

4.1.1.1 技术要求

遥感数据预处理的技术要求包括数学基础和技术指标两个方面。

（1）数学基础

所有遥感影像都统一转为 Albers 等面积割圆锥投影，该投影方式可保证利用遥感影像计算的面积与实际面积相等。投影坐标系中央经线为 110°E，双标准纬线为 25°N 和 47°N，投影起始纬度 12°，中央经线偏差和起始点偏差都为 0。

（2）技术指标

对于遥感数据，要求检查所获取的遥感数据质量，确保纹理清楚，光学影像云量不超过 10%，重要区域无云覆盖。此外，影像最佳时间为 5~9 月。对于影像正射校正所使用的 DEM 数据，要求分辨率不低于 2.5m 的影像采用 30m 采样间隔的 ASTER DEM 或 1∶5

万 DEM，中低分辨率影像采用 90m 采样间隔的 SRTM DEM。对于卫星影像纠正的控制资料，可采用实测控制点、正射影像库或地形图等。亚米级高分辨率影像正射纠正所采用的控制资料的定位精度优于 0.5m；中分辨率卫星影像和中高分辨率卫星影像正射纠正所采用的控制资料的定位精度不低于待纠正影像的空间分辨率。

4.1.1.2　技术流程

对中高分辨率遥感数据和数据的处理流程分别如下。

（1）中高分辨率遥感数据处理

中高分辨率遥感数据以 SPOT5 为主。对于 SPOT5（含全色波段和多光谱波段）影像的处理，采用正射影像和融合影像同时生产的方式。具体流程如图 4-1 所示（以 2.5m 和 10m 正射校正和融合为例）。

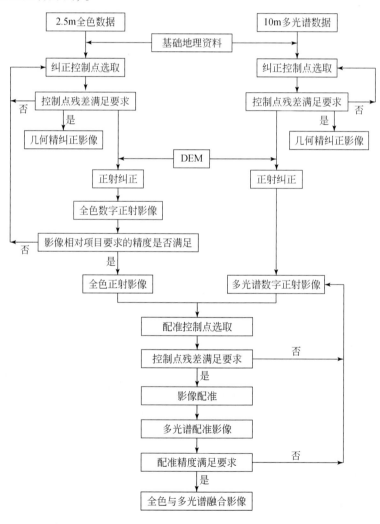

图 4-1　高分辨率正射校正流程图

　　修正由地形起伏和传感器误差而引起的像点位移的影像，称为正射校正。遥感成像的时候，由于飞行器的姿态、高度、速度以及地球自转等因素的影响，造成图像相对于地面目标发生几何畸变，这种畸变表现为象元相对于地面目标的实际位置发生挤压、扭曲、拉伸和偏移等，针对几何畸变进行的误差校正就叫几何校正。对不同空间分辨率遥感图像的融合处理，使处理后的影像既具有较高的空间分辨率，同时又具有多光谱特征，从而达到图像增强的目的，称为影像融合。

　　SPOT 2.5m 影像和 10m 影像均来自 SPOT5 卫星的两个 HRG（高分辨率几何装置）传感器，而每个传感器都能偏转一定的角度，每个传感器获取影像的幅宽是 60m，因此使得 SPOT5 卫星能同时获得 120km 宽的全色和多光谱影像。2.5m 的 SPOT5 HRG 全色影像来自两个数字通道，10m 的 SPOT5 HRG 多光谱影像来自一个数字通道，因此 2.5m 全色数据和 10m 多光谱数据要先分别进行正射校正，然后再进行影像融合。

　　正射校正精度是一个重要指标，为保证卫星数据处理的几何精度，需要注意以下几点：

　　1）数学基础和技术指标满足 4.1.1.1 的要求。

　　2）控制点选取。控制点选取原则：地面控制点一般选择在图像和地形图上都容易识别定位的明显地物点，如道路、河流等交叉点，田块拐角，桥头等；地面控制点的地物应不随时间的变化而变化，且地面控制点要有一定的数量，要求分布比较均匀。在影像放大 2~3 倍的条件下完成控制点选取；根据纠正模型和地形情况等条件确定控制点个数。

　　3）校正模型。校正模型应采用物理成像模型或有理函数模型。

　　4）控制点残差要求。正射纠正所选控制点须均匀分布，其残差应满足表 4-1 的要求。对明显地物点稀疏的山区、沙漠、沼泽等，精度可放宽至原有精度的 2 倍。

表 4-1　控制点残差

数据类型	控制点残差（影像分辨率）		
	平原和丘陵	山地	高山
待纠正影像	≤1 倍	≤2 倍	≤3 倍

　　5）重采样方式。正射影像采用原影像分辨率，重采样方法为双线性内插。

　　6）融合方法。目前，应用较多的融合方法有 IHS 变换、主成分分析、Brovey（颜色归一化）变换、小波变换以及合成变量比值变换，对于不同的卫星数据源，它们的融合效果往往差别很大，可根据具体情况进行选择。其中主成分分析方法能较好地保持多光谱数据的光谱信息，有助于数据处理后的影像分类。因而，全色和多光谱影像融合采用了主成分分析的处理方法。

（2）高分辨率遥感数据处理

　　采用遥感手段定量，高分辨率遥感卫星数据在城市生态环境评价中的应用受到关注，已有研究提出高分辨率遥感数据的应用模型（赖志斌等，2000）。高分辨率遥感数据以 QuickBird（QB）为主。对于 QB（含全色波段和多光谱波段）的处理，采用正射影像和融合影像同时生产的方式。具体流程见图4-2（以0.61m和2.44m正射校正和融合为例）。

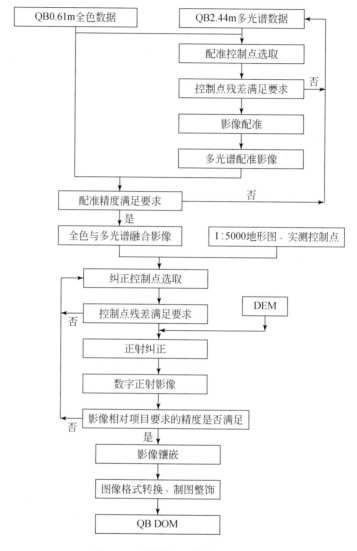

图4-2 高分辨率正射校正流程图

为保证高分辨率卫星影像的正射校正几何精度，需要注意事项同中高分辨率卫星影像的正射校正注意事项。

4.1.2 专题空间数据收集与处理

专题空间数据主要是与生态环境密切相关的农业、水利、国土等多个行业的，以栅格或矢量方式存在的专题数据，专题空间数据具体见表4-2。

表 4-2 专题空间数据需求列表

专题数据		覆盖范围	数据时间	数据格式	坐标系	比例尺 (分辨率)	数据部门	获取途径
行政区划图		全国	最新	矢量 . shp	国家 2000 或 WGS84	1:25 万 1:5 万	国家基础地理信息中心	购买
交通网络图		全国	最新	矢量 . shp	国家 2000 或 WGS84	1:25 万 1:5 万	交通部	购买
流域分区		全国	最新	矢量 . shp	国家 2000 或 WGS84	1:25 万 1:5 万	水利部	购买
河网		全国，一、二、三、四、五级河流	最新	矢量 . shp	国家 2000 或 WGS84	1:25 万	水利部	购买
土地利用数据		重点城市区域	2000~2010 年	矢量 . shp	国家 2000 或 WGS84	1:10 万	国土资源部	购买
土壤类型		全国	最新	矢量 . shp	国家 2000 或 WGS84	1:100 万	国土资源部	购买
功能区划	主体功能区	全国	最新	矢量 . shp	国家 2000 或 WGS84	1:100 万	国家发改委	购买
	生态建设区	全国	最新	矢量 . shp	国家 2000 或 WGS84	1:100 万	环保部 林业局	协调或购买
	环境功能	全国	最新	矢量 . shp	国家 2000 或 WGS84	1:100 万	环保部	协调
	生态功能区	全国	最新	矢量 . shp	国家 2000 或 WGS84	1:100 万	环保部	协调
	脆弱区	全国	最新	矢量 . shp	国家 2000 或 WGS84	1:100 万	环保部	协调
	水功能区	全国	最新	矢量 . shp	国家 2000 或 WGS84	1:100 万	环保部	协调
	自然保护区	全国，省级，地市级	最新	矢量 . shp	国家 2000 或 WGS84	1:100 万	环保部 省环保厅	协调
	水源地保护区	全国，省级，地市级	最新	矢量 . shp	国家 2000 或 WGS84	1:100 万	环保部 省环保厅	协调

对收集得到的专题空间数据主要进行几何校正、矢量化处理、投影/坐标信息转换等预处理。首先将数据进行分类（主要分为植被、水文、土壤、社会等），然后针对不同类型的数据进行处理和分类存储。

对于收集的栅格或矢量等类型数据，进行几何校正和投影/坐标信息转换，几何校正的精度要求为 0.5 个像元，投影/坐标信息统一转换为 ALBERS/WGS84 坐标系统。在此基础上，进行数据空间离散和插值计算，转换为千米格网栅格数据。

对于收集的图片数据等类型数据，首先要通过扫描实现电子录入，然后进行矢量化和几何校正，投影/坐标信息统一转换为 ALBERS/WGS84 坐标系统，实施电子存储。

4.1.3 社会统计数据收集与处理

社会统计数据主要是与生态环境密切相关的社会、经济类的统计数据，人部分以文档、表格方式存在，具体数据见表 4-3。

表 4-3 社会统计数据需求列表

	统计数据	覆盖范围	统计时间（年）	统计步长	数据格式	数据部门	获取途径
人口数据	人口总数	全国县级、市级、省级，重点城市区	2000～2010	年	Excel 表	统计局	购买
	人口密度	全国县级、市级、省级，重点城市区	2000～2010	年	Excel 表	统计局	购买
经济数据	产业结构与布局	全国县级、市级、省级，重点城市区	2000～2010	年	Excel 表	统计局	购买
	GDP	全国县级、市级、省级，重点城市区	2000～2010	年	Excel 表	统计局	购买
	能源生产和消费	全国县级、市级、省级，	2000～2010	年	Excel 表	统计局	购买
农业数据	农产品产量	全国县级、市级、省级	2000～2010	年	Excel 表	统计局	购买
	化肥使用量	全国县级、市级、省级	2000～2010	年	Excel 表	统计局	购买

对于收集的社会统计数据，主要进行分类存储和规范化处理，并电子化录入。将收集得到的社会统计数据，利用统一的格式进行电子化录入。对于数据表格，均以 EXCEL 的格式进行录入和存储，对于文档类的数据，以扫描的方式获得图片插图到 WORD 中，然后转换为 PDF 格式进行统一存储。将收集得到的社会统计数据，均按照国际标准计量单位进行转换和处理，单位统一化处理。在此基础上，进行数据空间离散和插值计算，转换为千米格网栅格数据。

4.1.4 环境监测与统计数据收集与处理

环境监测和统计数据主要是指由各级环境监测站利用专业监测设备通过地面监测获得的监测站点环境专题数据，以及环境类统计数据（年度、季度等），主要以文档、表格方式存在，具体数据见表 4-4 和表 4-5。将所获得的环境监测和统计数据单位统一，并进行标准化处理。在此基础上，进行数据空间离散和插值计算，转换为千米格网栅格数据。

表 4-4 环境监测指标及数据需求列表

	指标	覆盖范围	统计时间	统计步长	数据格式	数据部门
河流水环境质量	COD	全国所有国控断面	2000～2010 年	年均	Excel 表	监测总站
		各省所有省控断面	2000～2010 年	年均	Excel 表	各省环保厅（局）

指标		覆盖范围	统计时间	统计步长	数据格式	数据部门
河流水环境质量	NH_3-N	全国所有国控断面	2000~2010 年	年均	Excel 表	监测总站
		各省所有省控断面	2000~2010 年	年均	Excel 表	各省环保厅（局）
	水质级别	全国所有国控断面	2000~2010 年	年均	Excel 表	监测总站
		各省所有省控断面	2000~2010 年	年均	Excel 表	各省环保厅（局）
	断面分布图	全国所有国控断面	2000~2010 年	年均	Excel 表	监测总站
		各省所有省控断面	2000~2010 年	年均	Excel 表	各省环保厅（局）
湖库水环境质量	TN	国控所有大型湖库	2000~2010 年	湖库年均	Excel 表	监测总站
		各省所有省控湖库	2000~2010 年	湖库年均	Excel 表	各省环保厅（局）
	TP	国控所有大型湖库	2000~2010 年	湖库年均	Excel 表	监测总站
		各省所有省控湖库	2000~2010 年	湖库年均	Excel 表	各省环保厅（局）
	营养状态指数	国控所有大型湖库	2000~2010 年	湖库年均	Excel 表	监测总站
		各省所有省控湖库	2000~2010 年	湖库年均	Excel 表	各省环保厅（局）
	水质类别	国控所有大型湖库	2000~2010 年	湖库年均	Excel 表	监测总站
		各省所有省控湖库	2000~2010 年	湖库年均	Excel 表	各省环保厅（局）
城市大气环境质量	SO_2	全国环保重点城市	2000~2010 年	年均	Excel 表	监测总站
		各省所有地级以上城市，以及开展了空间质量监测的县级城市	2000~2010 年	年均	Excel 表	各省环保厅（局）
	NO_x	全国环保重点城市	2000~2010 年	年均	Excel 表	监测总站
		各省所有地级以上城市，以及开展了空间质量监测的县级城市	2000~2010 年	年均	Excel 表	各省环保厅（局）
	PM_{10}	全国环保重点城市	2000~2010 年	年均	Excel 表	监测总站
		各省所有地级以上城市，以及开展了空间质量监测的县级城市	2000~2010 年	年均	Excel 表	各省环保厅（局）
	降雨 pH	全国酸雨控制区和 SO_2 控制区监测的城市	2000~2010 年	年均	Excel 表	监测总站
		酸雨控制区和 SO_2 控制区内各省所有地级以上城市	2000~2010 年	年均	Excel 表	各省环保厅（局）
	酸雨频率	全国酸雨控制区和 SO_2 控制区监测的城市	2000~2010 年	年均	Excel 表	监测总站
		酸雨控制区和 SO_2 控制区内各省所有地级以上城市	2000~2010 年	年均	Excel 表	各省环保厅（局）

表 4-5　环境统计指标及数据需求列表

	指标	覆盖范围	统计时间	统计步长	数据格式	数据部门
水	水资源总量	全国基于县域的统计	2000~2010 年	年	Excel 表	水利部
	用水量	全国基于县域的统计	2000~2010 年	年	Excel 表	水利部
	工业废水排放量	全国基于县域的统计	2000~2010 年	年	Excel 表	监测总站
	工业废水排放达标率	全国基于县域的统计	2000~2010 年	年	Excel 表	监测总站
	城市生活污水排放量	全国基于县域的统计	2000~2010 年	年	Excel 表	监测总站
	城市生活污水集中处理率	全国基于县域的统计	2000~2010 年	年	Excel 表	监测总站
	工业 COD 排放量	全国基于县域的统计	2000~2010 年	年	Excel 表	监测总站
	工业 NH_3-N 排放量	全国基于县域的统计	2000~2010 年	年	Excel 表	监测总站
	生活 COD 排放量	全国基于县域的统计	2000~2010 年	年	Excel 表	监测总站
	生活 NH_3-N 排放量	全国基于县域的统计	2000~2010 年	年	Excel 表	监测总站
	化肥施用量	全国基于县域的统计	2000~2010 年	年	Excel 表	农业部
	农药使用量	全国基于县域的统计	2000~2010 年	年	Excel 表	农业部
大气	工业 SO_2 排放量	全国基于县域的统计	2000~2010 年	年	Excel 表	监测总站
	生活 SO_2 排放量	全国基于县域的统计	2000~2010 年	年	Excel 表	监测总站
	工业 NO_x 排放量	全国基于县域的统计	2000~2010 年	年	Excel 表	监测总站
	生活 NO_x 排放量	全国基于县域的统计	2000~2010 年	年	Excel 表	监测总站
	工业烟尘排放量	全国基于县域的统计	2000~2010 年	年	Excel 表	监测总站
	生活烟尘排放量	全国基于县域的统计	2000~2010 年	年	Excel 表	监测总站
	工业粉尘排放量	全国基于县域的统计	2000~2010 年	年	Excel 表	监测总站
	工业废气达标排放率	全国基于县域的统计	2000~2010 年	年	Excel 表	监测总站
固体废弃物	工业固废产生量	全国基于县域的统计	2000~2010 年	年	Excel 表	监测总站
	工业固废排放量	全国基于县域的统计	2000~2010 年	年	Excel 表	监测总站
	工业固废综合利用率	全国基于县域的统计	2000~2010 年	年	Excel 表	监测总站
	城市生活垃圾清运量	全国基于县域的统计	2000~2010 年	年	Excel 表	监测总站

4.1.5　基础地理数据收集与处理

　　基础地理数据以中比例尺为主，大比例尺为辅。中比例尺主要用于全国和大区域尺度的问题分析，大比例尺主要用于重点区域、典型区域、敏感区域的问题分析。数据种类主要是数字高程数据和行政边界数据，数字高程数据主要用于地形特征分析和影像正射校正，行政边界主要作为分析单元依据（表 4-6）。

表 4-6　基础地理数据需求列表

基础数据	覆盖范围	数据时间	数据格式	坐标系	比例尺（分辨率）	数据部门	获取途径
数字高程（DEM）	全国	最新	栅格.grid	国家 2000 或 WGS84	1：25 万 1：5 万	国土资源部	购买
	全国	最新	栅格.tif	国家 2000 或 WGS84	30mASTERDEM 和 90m SRTM DEM	网络	免费下载
行政边界	全国县级、市级、省级	最新	矢量.shp	国家 2000 或 WGS84	1：100 万	民政部	购买

对收集得到的基础地理数据主要进行几何校正、矢量化处理、投影/坐标信息转换等预处理；对于收集的栅格或矢量等数据，进行几何校正和投影/坐标信息转换。几何校正的精度要求为 0.5 个像元，投影/坐标信息统一转换为 ALBERS/WGS84 系统，将矢量数据格式转换为千米格网栅格数据。

4.2　遥感数据分析方法

利用多时相遥感数据结合实地调查在城市化过程和城市景观格局定量化研究中是常用且高效的方法（付红艳，2014）。本节采用遥感手段定量研究中国典型区域的城市化过程，分别在城市群和重点城市两个尺度上开展遥感数据分析。城市群的遥感数据分析基于全国生态系统遥感分类结果，重点城市的遥感数据分析主要基于高分辨率 SPOT 4/5 卫星影像和 ALOS 卫星数据。本节介绍了具体的遥感数据分析方法。

4.2.1　城市群遥感数据分析

2000～2010 年 6 个重点城市群的遥感数据分析主要基于全国生态系统遥感分类结果，通过变化检测分析和统计分析，得到森林、农田、草地、湿地等生态系统类型及其格局的变化，以及建设用地格局的变化，重点调查与分析城市群城市建成区的空间扩展过程、面积与分布。京津唐、长三角与珠三角城市群增加 1984 年（最早获取 TM 数据的年份）和 1990 年的遥感数据分析。与全国土地覆盖分类一致，其土地覆盖分类和生态系统遥感信息提取主要基于 30m 分辨率的 TM 卫星影像，并参照全国土地覆盖分类和生态系统遥感信息的提取方法。与此同时，利用光谱混合分析方法，进一步提取 30m 像元内不透水地表的比例，从而获取城市群的不透水地表信息。

4.2.2　重点城市遥感数据分析

重点城市建成区土地覆盖分类和生态系统遥感信息提取主要基于高分辨率的 SPOT 4/5 卫星影像和 ALOS 卫星影像数据。城市建成区包括城市生态系统中最基本的 4 种土地覆盖类型，即不透水地表、植被、裸地和水体。首先将城市建成区生态系统分为透水地面和不透水地面 2 个一级类别，进一步将透水地面分为植被、裸地和水体 3 个二级类别，将不透水地面分为道路和人工建筑。

建成区土地覆盖的分类和变化检测采用基于回溯（backdate）的土地覆盖变化检测和土地覆盖分类方法（Wenjuan et al.，2016）（图 4-3）。该方法以 2010 年作为基准年，首先采用基于对象的图像分类方法生成高精度的 2010 年土地覆盖分类图，然后以 2010 年土地分类结果为基准图（basemap），通过回溯的方法分别获取 2000 年和 2005 年的土地覆盖分类结果，并分析 2000 年、2005 年和 2010 年重点城市建成区各生态系统类型的面积、比例和分布，及其在 2000～2010 年的变化情况。不同时期城市建成区生态系统类型的变化情况采用生态系统类型转移矩阵分析来反映。

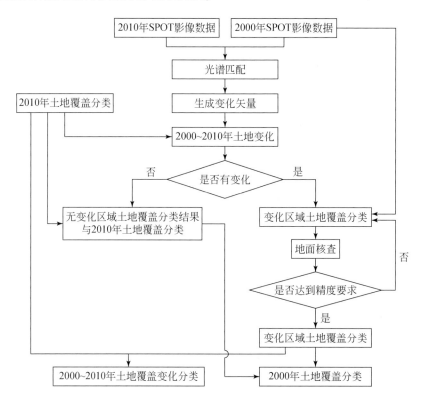

图 4-3   基于回溯（backdate）方法的土地覆盖变化检测和土地覆盖分类流程图

4.3   城市化及其对生态环境影响的分析与评价方法

为了分析与评价中国典型区域城市化及生态环境影响，从城市化状况、生态环境状况、城市化的生态环境效应、生态环境问题四个方面展开。本节首先介绍城市化状况、扩展速度和强度的分析方法，其次简要介绍全国、城市群、重点城市的生态环境状况及变化的评价与分析方法，然后介绍评价城市化生态环境效应的方法，即相关性分析和生态环境胁迫指数构建，最后介绍城市化带来的生态环境问题以及解决对策的分析方法。

4.3.1　城市化的状况、扩展过程、强度分析与评价

采用遥感手段对城市化过程进行定量研究。首先，基于中、高分辨率遥感影像的解译结果，采用生态系统类型转移矩阵分析方法和景观指数分析法，量化城市群和重点城市建成区的城市化状况、扩展速度和强度。景观指数能够高度浓缩景观格局信息，反映景观的结构组成和空间配置特征（张忠辉等，2014），是量化城市景观格局的常用方法。为了衡量城市化带来的城市景观格局演变，采用景观格局指数方法，在单个斑块、斑块类型和景观镶嵌体三个层次上，重点分析 2000 年、2005 年和 2010 年城市群和重点城市生态系统的景观结构组成特征、空间配置关系，以及十年间所发生的变化，并开展不同城市群之间和城市之间的对比研究。选取的景观指数包括形状指数、丰富度指数、多样性指数、聚集度指数、破碎度指数等，景观指数的计算使用 Fragstats 软件程序。

4.3.2　生态、环境质量状况及十年变化分析与评价

在全国尺度上，采用单项指标和综合指标对全国地级市的生态、环境质量进行评价。单项指标包括地级市的城市化水平、生态环境影响这两方面的指标，综合指标是采用全排列多边形图示指标法进行的指标综合。

在城市群和重点城市尺度上，分别建立城市群与重点城市生态质量、环境质量评价指标，对 2000 年、2005 年和 2010 年城市群和重点城市的生态环境质量进行综合评价，主要评价方法为指标指数法。通过分析城市群和重点城市在不同年份的生态环境质量，评价城市群和重点城市生态环境质量十年间的变化，刻画和阐明城市群和重点城区生态环境质量特征及演变。与此同时，通过开展城市群之间和城市之间的对比研究，揭示城市化过程产生的共性生态环境问题和特性生态环境问题。不同年份和不同城市之间生态环境质量的对比研究主要采用生态系统类型面积和百分比统计方法、生态系统转移矩阵分析方法，以及采用生态系统动态度、变化速度等指数进行分析。

4.3.3　城市化的生态环境效应分析与评价

为了评价城市化的生态环境效应，主要采用相关性和回归分析方法，以及构建生态环境胁迫指数方法。

1）相关性和回归分析方法。采用相关性分析衡量生态环境效应指标与城市化水平、经济发展水平之间的相互关系；利用多元回归分析方法研究城市化和经济发展水平对不同生态环境指标的影响程度，量化城市化水平提高和 GDP 增长的生态环境效应。

2）构建生态环境胁迫指数。生态环境胁迫指数包含人口密度、水资源开发强度、能源利用强度、大气污染、水污染、经济活动强度和热岛效应等指标，每项指标赋予相对权

重，通过生态环境胁迫指数来量化城市化水平提高、经济增长对生态环境的胁迫。

4.3.4 城市化生态环境问题及对策

分析城市群和重点城市在城市化过程中的生态环境问题，揭示城市化产生的共性生态环境问题和不同城市群、不同城市所产生的特性生态环境问题，辨识城市生态环境问题形成与发展的关键驱动力，提出相应的生态管理对策，分析方法主要采用归纳法。

4.4 全国地级城市主要评价指标含义与计算方法

在全国尺度上，为了分析城市化过程及其生态环境效应，采用单项指标和综合指标对全国地级市的生态环境质量进行评价。单项指标包括全国地级市的城市化水平、生态环境影响这两方面共 27 项指标，选取指标参考了已有研究并做了改进（赵岑和冯长春，2010；徐鹏炜和赵多，2006；吴琼等，2005；万本太等，2009；李月辉等，2003b）。综合指标是基于全排列多边形图示指标法进行指标综合，该方法通过几何图形直观表示各指标的大小，并且可展现各指标随时间变化的动态趋势（吴琼等，2005）。

4.4.1 单项指标含义

对全国地级城市十年城市化的评价分为城市化水平及城市化的生态环境影响两个方面。

城市化水平包括规模城市化、经济城市化、用地城市化和人口城市化四类指标，共 14 个单项指标，分别为：①规模城市化，包括国内生产总值、建成区面积、年末总人口；②经济城市化，包括人均 GDP、人均财政收入、人均工业总产值、第三产业比重；③人口城市化，包括人口密度、城镇人口比重、人均教育经费支出、每万人拥有高等教育人数、每万人拥有中学教育人数；④用地城市化，包括人均居住用地面积、人均城市道路面积。

生态环境影响包括污染物排放总量、污染物排放强度、生态占用和资源消耗四类指标，共 13 个单项指标，分别为：①生态占用，包括人均生态用地面积、生态用地比例；②环境污染，包括工业废水排放量、工业烟尘排放量、工业 SO_2 排放量；③生态建设，人均绿地面积、建成区绿化覆盖率；④环境治理，城市生活垃圾无害化处理率、工业固体废弃物处置利用率、城镇生活污水集中处理率、万元 GDP 工业废水排放强度、万元 GDP 工业烟尘排放强度、万元 GDP 工业 SO_2 排放强度。

4.4.2 综合指标计算方法

本书采用全排列多边形图示法（吴琼等，2005）进行指标标准化和指标综合。该方法的基本思想是，设共有 n 个指标（标准化后的值），以这些指标的上限值为半径构成一个

中心 n 边形，各指标值的连线构成一个不规则中心 n 边形，这个不规则中心 n 边形的顶点是 n 个指标的一个首尾相接的全排列，n 个指标总共可以构成 $(n-1)!/2$ 个不同的不规则中心 n 边形，综合指数定义为所有这些不规则多边形面积的均值与中心多边形面积的比值。

对于第 i 个指标 X_i，标准化计算公式为

$$S_i = \frac{(U_i - L_i)(X_i - T_i)}{(U_i + L_i - 2 \cdot T_i) \cdot X_i + U_i \cdot T_i + L_i \cdot T_i - 2 \cdot U_i \cdot T_i}$$

式中，L_i、T_i、U_i 分别为指标 X_i 的最小值、阈值和最大值。

利用 n 个指标可以作出一个中心正 n 边形，n 边形的 n 个顶点为 $S_i = 1$ 时的值，中心点为 $S_i = -1$ 时的值，中心点到顶点的线段为各指标标准化值所在区间，而 $S_i = 0$（$X_i = T$）时构成的多边形为指标的临界区。临界区的内部区域表示各指标的标准化值在临界值以下，其值为负；外部区域表示各指标的标准化值在临界值以上，其值为正。

全排列多边形综合指数：

$$S = \frac{\sum_{i \neq j}^{i,j} (S_i + 1)(S_j + 1)}{2 \cdot n \cdot (n-1)}$$

式中，S_i、S_j 为第 i 个分项指标；S 为综合指标。

全排列多边形图示指标法的特点是既有单项指标又有综合指标，既有几何直观图示，又有代数解析数值，既有静态指标，又有动态趋势。每个指标都有上限、下限和临界参考值。与传统简单加权法相比，不用专家主观评判权系数的大小，只要参考相关阈值确定与决策相关的上限、下限和临界参考值即可，减少了主观随意性。综合方法改传统加法为多维乘法，当分项指标值落在临界值以下时，边长小于1，其对综合指标产生紧缩效应（$F''(X)<0$）；当分项指标值落在临界值以上时，边长大于1，其对综合指标产生放大效应（$F''(X)>0$），反映了整体大于或小于部分之和的系统整合原理。

将所有地级城市 2000 年、2005 年、2010 年三个年份的城市化水平、城市化的生态环境影响这两个方面的单项指标分别按照 5%、95% 和中位数确定各指标的上限值、下限值和临界阈值，接着对各指标标准化，并基于全排列多边形图示法进行指标综合。

4.5 城市群主要评价指标含义与计算方法

本节和4.6节分别介绍城市群、重点城市主要评价指标的含义及各指标的计算方法。在城市群尺度上，为了分析城市化过程及其生态环境效应，需要从城市化强度、生态质量、环境质量、资源环境效率、生态环境胁迫五个方面进行评价，通过指标的计算反映城市群在十年城市化期间生态环境发生的变化，同时可反映出不同城市群的差异。除单个指标外，还构建了以下综合指数：生态质量指数（ecosystem quality index，EQI）、环境质量指数（environmental quality index，EHI）、资源效率指数（resource efficiency index，REI）和生态环境胁迫指数（eco-environmental stress index，EESI），用来反映城市群生态环境状况和城市化效应，分别在城市群和重点城市建成区两个尺度上计算。

4.5.1　城市化水平

城市群城市化强度的评价内容不仅包括土地城市化，还应包括经济城市化和人口城市化。经济快速增长和人口密度增加与城市景观破碎化有着密切联系（仇江啸等，2012）。对应的评价指标及计算方法如下。

1）土地城市化的评价指标为城市化面积和城市化强度。城市化面积为建成区面积及其占土地面积比例；城市化强度的指标为不透水地面比例，即不透水地面占土地面积的比例，不透水地面信息提取的流程如下：

$$ISA = (1 - F_r)_{dev}$$

$$F_r = (NDVI - NDVI_{soil})^2 / (NDVI_{veg} - NDVI_{soil})^2$$

式中，ISA 为硬化地表面积；F_r 为植被覆盖度；$NDVI_{soil}$ 为完全是裸土或无植被覆盖像元的 NDVI 值；$NDVI_{veg}$ 则代表完全被植被所覆盖的像元的 NDVI 值，即纯植被像元的 NDVI 值。一般情况下，可以直接取研究区中 NDVI 的最大值与最小值分别代表 $NDVI_{veg}$ 和 $NDVI_{soil}$。下标 dev 表示该关系式只适用于被划分为城市建成区的区域。

2）经济城市化的评价指标为第一产业、第二产业和第三产业比例，基于统计数据计算。

3）人口城市化的评价指标为城市化人口比例，即城市人口占城市群总人口的比例，基于统计数据计算。

4.5.2　生态质量

城市群生态质量的评价内容包括植被破碎化程度、植被覆盖、生物量、土地退化，对应的评价指标及计算方法如下：

（1）植被破碎化程度

利用植被的斑块密度，即单位面积的植被斑块数目（单位：个/km²）来定量描述植被的破碎化程度。

（2）植被覆盖

由植被覆盖面积及其所占土地面积比例和植被覆盖度指数来定量描述植被的覆盖情况。植被覆盖面积由全国土地遥感分类数据获取，其中植被包括各种自然植被覆盖，如森林、草地等。植被覆盖度指区域植物覆盖状况，计算方法如下：

$$F_c = \frac{NDVI - NDVI_{soil}}{NDVI_{veg} - NDVI_{soil}}$$

式中，F_c 为植被覆盖度；NDVI 通过遥感影像近红外波段与红光波段的发射率来计算；$NDVI_{veg}$ 是纯植被像元的 NDVI 值；$NDVI_{soil}$ 是完全无植被覆盖像元的 NDVI 值。

（3）生物量

生物量采用植被单位面积生物量作为评价指标，基于"全国陆地生态系统生物量"的调查结果获取。

植被生物量的遥感监测主要有以下两种方法，即植被指数–生物量法与累积 NPP 法，两者适用范围及特点有所不同，具体选择哪种方法取决于数据的可获取性与具体目的。

方法一为植被指数–生物量法。植被指数被证实与植被生物量具有较好的关系，因而可以通过植被指数–生物量回归法估算生物量，即根据各样方的森林/草地生物量干重和其对应的基于遥感数据的 NDVI、EVI 等植被指数值，通过建立两者之间的线性模型或非线性模型来反演森林/草地生态系统的生物量，具体植被指数及回归模型的选择决定于模型拟合及验证结果。该方法需要的两个基本参数为生物量和植被指数。生物量的数据来源是地面观测，获取方法是通过设置森林、草地样地，调查单位面积内地上干生物量重，样地设置与调查方法可参见野外调查部分。植被指数的数据来源是 MODIS 陆地二级标准数据产品，MODIS 陆地二级标准数据产品（MOD 13）可以从 NASA 的数据分发中心免费下载，网址为 http：//ladsweb. nascom. nasa. gov/，包括 250m 的 NDVI 与 EVI。

方法二为累积 NPP 法。对于草地、农田生态系统来说，其生物量的估算可以采用累积 NPP 法进行估算，即通过草地或农田的生长期（开始生长时间与结束生长时间）的确定，对生长期内的 NPP 进行累加以计算地上生物量。该方法需要的基本参数为 NPP、开始生长时间和结束生长时间，以及收获指数。NPP 指单位时间内累积的净初级生产力，通过 NPP 估算方法进行求取，NPP 的计算公式如下：

$$NPP = APAR(t) \times \varepsilon(t)$$

式中，$APAR(t)$ 为植被单位时间吸收的光合有效辐射；$\varepsilon(t)$ 为光能转化率。开始生长时间和结束生长时间需要根据不同的地区进行相应的调查，或者通过监测区域时间序列 NDVI 数据设定阈值进行判断获取。对于农田来说，如果想获取粮食产量，在获取地上生物量的基础上，还需要收获指数这一参数，收获指数主要根据作物类型通过文献调研的方法获取。

（4）土地退化

采用不同程度水土流失的土地面积与分布来表征土地退化。通过平均侵蚀模数和平均流失厚度两个指标评价水土流失的强度。评价标准采用水利部水蚀强度级别分级标准，分为微度、轻度、中度、强度、极强度、剧烈六级进行评价，评价标准如表4-7所示。

表 4-7 水蚀强度级别分级标准（面蚀）

级别	平均侵蚀模数 $[t/(km^2 \cdot a)]$	平均流失厚度（mm/a）
微度	<200/500	< 0. 15/0. 37
轻度	500 ~ 2 500	0. 37 ~ 1. 9
中度	2 500 ~ 5 000	1. 9 ~ 3. 7
强度	5 000 ~ 8 000	3. 7 ~ 5. 9
极强度	8 000 ~ 15 000	5. 9 ~ 11. 1
剧烈	> 15 000	>11. 1

注：不同区域的阈值稍有不同。平均侵蚀模数为每年每平方千米土壤流失量

（5）综合指数

即生态质量指数（ecosystem quality index，EQI）的含义及计算方法如下：

用城市群评价指标体系生态质量主题中的植被破碎化程度、植被覆盖、生物量和土地退化等指标和各指标在该主题中的相对权重，构建生态质量指数，用来反映各城市群生态质量状况。

$$EQI_i = \sum_{j=1}^{n} w_j r_{ij}$$

式中，EQI_i为第i市生态质量指数；w_j为生态质量主题中各指标相对权重；r_{ij}为第i市各生态质量指标的标准化值。

4.5.3　环境质量

城市群环境质量的评价内容包括地表水环境、空气环境、酸雨强度与频度，对应的评价指标及计算方法如下。

（1）地表水环境

依据地表水水域环境功能和保护目标，按功能高低依次划分为五类：

Ⅰ类：主要适用于源头水、国家自然保护区。

Ⅱ类：主要适用于集中式生活饮用水地表水源地一级保护区、珍稀水生生物栖息地、鱼虾类产场、仔稚幼鱼的索饵场等。

Ⅲ类：主要适用于集中式生活饮用水地表水源地二级保护区、鱼虾类越冬场、洄游通道、水产养殖区等渔业水域及游泳区。

Ⅳ类：主要适用于一般工业用水区及人体非直接接触的娱乐用水区。

Ⅴ类：主要适用于农业用水区及一般景观要求水域。

本书衡量河流三类水体以上的比例，即河流监测断面中Ⅰ～Ⅲ类水质断面数占总监测断面数的百分比，反映河流生态系统受到的污染状况，采用主要湖库面积加权富营养化指数，来评价各省份湖库生态系统受到的污染状况，其计算方法为

$$WEI_i = \frac{\sum_k EI_{ik} \times A_{ik}}{\sum_k A_{ik}}$$

式中，WEI_i为第i市湖库加权富营养化指数；EI_{ik}为第i市第k湖富营养化指数，来源于环境监测数据；A_{ik}为第i市第k湖面积，通过遥感影像获取。

（2）空气环境

根据中华人民共和国国家标准 GB3095—2012《环境空气质量标准》，环境空气功能区分为二类：一类区为自然保护区、风景名胜区和其他需要特殊保护的区域；二类区为居住区、商业交通居民混合区、文化区、工业区和农村地区。一类区适用一级浓度限值，二类区适用二级浓度限值，限值污染物项目包括二氧化硫、二氧化氮、一氧化氮、臭氧、粒径小于等于 10μm 的颗粒物和粒径小于等于 2.5μm 的颗粒物等。

本书衡量空气质量二级达标天数比例，即空气质量达到二级标准的天数占全年天数的百分比。

（3）酸雨强度与频度

酸雨强度指年均酸雨 pH，酸雨频度指酸雨年发生频率。

（4）综合指数

即环境质量指数（environmental quality index，EHI）的含义及计算方法如下：

用城市群评价指标体系环境质量主题中的地表水环境、空气环境、土壤环境和酸雨强度与频度等指标和各指标在该主题中的相对权重，构建环境质量指数，用来反映各城市群环境质量状况。

$$EHI_i = \sum_{j=1}^{n} w_j r_{ij}$$

式中，EHI_i 为第 i 市环境质量指数；w_j 为环境质量主题中各指标相对权重；r_{ij} 为第 i 市各环境质量指标的标准化值。

4.5.4 资源环境效率

城市群资源环境效率的评价内容包括水资源利用效率、能源利用效率和环境利用效率，对应的评价指标及计算方法如下：

1）水资源利用效率，指单位 GDP 的用水量。

2）能源利用效率，指单位 GDP 的能源消耗量。

3）环境利用效率，指单位 GDP 的 CO_2 排放量、单位 GDP 的 SO_2 排放量、单位 GDP 的 COD 排放量。

4）综合指数，即资源环境效率指数（resource efficiency index，REI）的含义及计算方法如下：

用城市群评价指标体系资源效率主题中水资源利用效率、能源利用效率和环境利用效率等指标在该主题中的相对权重，构建资源效率指数，用来反映各城市群资源利用效率状况。

$$REI_i = \sum_{j=1}^{n} w_j r_{ij}$$

式中，REI_i 为第 i 市资源环境效率指数；w_j 为资源效率主题中各指标相对权重；r_{ij} 为第 i 市各资源效率指标的标准化值。

4.5.5 生态环境胁迫

城市群生态环境胁迫的评价内容包括人口密度、水资源开发强度、能源利用强度和大气污染，对应的评价指标及计算方法如下：

1）人口密度，指单位土地面积人口数。

2）水资源开发强度，指用水量占可利用水资源总量的百分比。

3）能源利用强度，指单位土地面积的能源消耗量，能源消耗量来源于统计数据。

4）大气污染，包括 CO_2 排放强度、SO_2 排放强度和烟粉尘排放强度。CO_2 排放强度指单位土地面积的 CO_2 排放量。SO_2 排放强度指单位土地面积的 SO_2 排放量。烟粉尘排放强度指单位土地面积烟粉尘排放量。

5）水污染，采用 COD 排放强度衡量，COD 排放强度指单位土地面积的 COD 排放量。

6）经济活动强度，采用单位土地面积 GDP 衡量。

7）热岛效应，利用城市温度场来反映城市热岛效应，城市热岛基于遥感数据来表征，采用以下两个参数衡量：

参数一：地表温度（T_s）。利用 TM 或者 MODIS 数据反演地表温度。

参数二：城市热岛强度。城市热岛强度计算公式：

$$T_{NOR_i} = (T_i - T_{min}) / (T_{max} - T_{min})$$

式中，T_{NOR_i} 表示第 i 个像元正规化后的值，处于 0～1；T_i 为第 i 个像元的绝对地表温度；T_{min} 表示绝对地表温度的最小值；T_{max} 表示绝对地表温度的最大值。根据 T_{NOR} 的数值可以划分城市热岛强度大小，也可以对不同时期遥感影像的热岛强度进行比较分析。

8）综合指数，即生态环境胁迫指数（eco-environmental stress index，EESI）的含义及计算方法如下：

用生态环境胁迫主题中人口密度、水资源开发强度、能源利用强度、大气污染、水污染、经济活动强度和热岛效应等指标和各指标在该主题中的相对权重，构建生态环境胁迫指数，用来反映各城市群生态环境受胁迫状况。

$$EESI_i = \sum_{j=1}^{n} w_j r_{ij}$$

式中，$EESI_i$ 为第 i 市生态环境胁迫指数；w_j 为生态环境胁迫主题中各指标相对权重；r_{ij} 为第 i 市各生态环境胁迫指标的标准化值。

4.6 重点城市主要评价指标含义与计算方法

本节介绍重点城市主要评价指标的含义及各指标的计算方法。在重点城市尺度上，为了分析城市化过程及其生态环境效应，需要从城市化强度、城市景观格局、生态质量、环境质量、资源利用效率、生态环境胁迫六个方面进行评价，通过指标的计算反映重点城市在十年城市化期间生态环境发生的变化，同时可反映出不同城市之间的差异。

4.6.1 城市化水平

重点城市的城市化水平评价内容包括土地城市化、经济城市化和人口城市化，对应的评价指标及计算方法如下：

1）土地城市化的评价指标为城市化面积和城市化强度。城市化面积为城市建成区面积及其占土地面积比例；城市化强度的指标为不透水地面比例，即不透水地面占土地面积的比率，不透水地面信息提取的流程如下：

$$ISA = (1 - F_r)_{dev}$$

$$F_r = (NDVI - NDVI_{soil})^2 / (NDVI_{veg} - NDVI_{soil})^2$$

式中，ISA 为硬化地表面积；F_r 为植被覆盖度；$NDVI_{soil}$ 为完全是裸土或无植被覆盖像元的 NDVI 值；$NDVI_{veg}$ 则代表完全被植被所覆盖的像元的 NDVI 值，即纯植被像元的 NDVI 值。一般情况下，可以直接取研究区中 NDVI 的最大值与最小值分别代表 $NDVI_{veg}$ 和 $NDVI_{soil}$。下标 dev 表示该关系式只适用于被划分为城市建成区的区域。

2）经济城市化的评价指标为第一产业、第二产业和第三产业比例，基于计数据计算。

3）人口城市化的评价指标为城市建成区人口密度，基于遥感数据和统计数据计算。

4.6.2　城市景观格局

城市景观格局的评价指标有地表覆盖比例和地表覆盖分布。地表覆盖比例是不透水地表、植被、水体和裸地四种土地覆盖类型的覆盖比例。地表覆盖分布采用不透水地表、植被、水体和裸地四种地表覆盖的平均斑块面积和边界密度指标来表征，某一地表覆盖的边界密度是指单位面积内的该地表覆盖类型斑块的边界长度，其单位是 m/km²。

4.6.3　生态质量

重点城市生态质量的评价内容包括绿地构成和绿地分布两方面的内容。绿地构成的评价指标为城市建成区绿地面积比例、城市人均绿地面积（m²/人）。绿地分布的评价指标为绿地空间分布均匀性指标。绿地分布指标是指将城市内部一定范围以上的公共绿地进行归纳整理，从而考察不同大小的绿地斑块在城市区域内的分布情况，具体来说，利用洛伦茨曲线和基尼系数计算出城市绿地分布的集中程度。

综合指数，即生态质量指数（ecosystem quality index，EQI）的含义及计算方法如下：

用重点城市评价指标体系城市景观格局、生态质量主题中绿地构成、绿地分布指标，构建生态质量指数，用来反映各重点城市的生态质量状况。

$$EQI_i = \sum_{j=1}^{n} w_j r_{ij}$$

式中，EQI_i 为第 i 市生态质量指数；w_j 为各指标相对权重；r_{ij} 为第 i 市各指标的标准化值。

4.6.4　环境质量

重点城市环境质量的评价内容包括地表水环境、地下水环境、空气质量、土壤质量、酸雨强度与频度。各评价指标的含义及计算方法如下。

1）地表水环境，采用的指数为河流Ⅲ类水体以上的比例和主要湖库面积加权富营养化指数。

河流Ⅲ类水体以上的比例，即河流监测断面中Ⅰ～Ⅲ类水质断面数占总监测断面数的百分比，可以用来反映河流生态系统的污染状况。依据地表水水域环境功能和保护目标，按功能高低将地表水依次划分为五类：

Ⅰ类：主要适用于源头水、国家自然保护区。

Ⅱ类：主要适用于集中式生活饮用水地表水源地一级保护区、珍稀水生生物栖息地、鱼虾类产场、仔稚幼鱼的索饵场等。

Ⅲ类：主要适用于集中式生活饮用水地表水源地二级保护区、鱼虾类越冬场、洄游通道、水产养殖区等渔业水域及游泳区。

Ⅳ类：主要适用于一般工业用水区及人体非直接接触的娱乐用水区。

Ⅴ类：主要适用于农业用水区及一般景观要求水域。

主要湖库湿地面积加权富营养化指数，该指数用来评价各城市湖库生态系统受到的污染状况，其计算方法为

$$\text{WEI}_i = \frac{\sum_k EI_{ik} \times A_{ik}}{\sum_k A_{ik}}$$

式中，WEI_i为第 i 市湖库加权富营养化指数；EI_{ik}为第 i 市第 k 湖富营养化指数，是环境监测数据；A_{ik}为第 i 市第 k 湖面积，基于遥感影像获取。

2）地下水环境，采用地下水水位指数来评价地下水环境。

3）空气质量，采用空气质量二级达标天数比例衡量空气质量，该指数是指空气质量达到二级标准的天数占全年天数的百分比。

根据中华人民共和国国家标准 GB3095—2012《环境空气质量标准》，环境空气功能区分为二类：一类区为自然保护区、风景名胜区和其他需要特殊保护的区域；二类区为居住区、商业交通居民混合区、文化区、工业区和农村地区。一类区适用一级浓度限值，二类区适用二级浓度限值，限值污染物项目包括二氧化硫、二氧化氮、一氧化氮、臭氧、粒径小于等于 $10\mu m$ 的颗粒物和粒径小于等于 $2.5\mu m$ 的颗粒物等。

4）土壤质量，中华人民共和国国家标准《土壤环境质量标准》表明，根据土壤应用功能和保护目标，土壤环境质量分类划分为三类：

Ⅰ类主要适用于国家规定的自然保护区（原有背景重金属含量高的除外）、集中式生活饮用水源地、茶园、牧场和其他保护地区的土壤，土壤质量基本保持自然背景水平。

Ⅱ类主要适用于一般农田、蔬菜地、茶园、果园、牧场等土壤，土壤质量基本上对植物和环境不造成危害和污染。

Ⅲ类主要适用于林地土壤及污染物容量较大的高背景值土壤和矿产附近等地的农田土壤（蔬菜地除外）。土壤质量基本上对植物和环境不造成危害和污染。

土壤环境的三级功能区对应三类标准。一级标准为保护区域自然生态，维持自然背景的土壤环境质量的限制值。二级标准为保障农业生产，维护人体健康的土壤限制值。三级标准为保障农林业生产和植物正常生长的土壤限制值。限制值评价项目包括镉、汞、砷、

铜、铅、铬、锌和镍等典型重金属的浓度。

5）酸雨强度与频度，酸雨强度指年均酸雨 pH，酸雨频度指酸雨年发生频率。

6）综合指数，即环境质量指数（environmental quality index，EHI）的含义及计算方法如下：

用重点城市评价指标体系环境质量主题中的地表水环境、地下水环境、空气质量、土壤质量和酸雨强度与频度等指标和各指标在该主题中的相对权重，构建环境质量指数，用来反映各重点城市的环境质量状况。

$$EHI_i = \sum_{j=1}^{n} w_j r_{ij}$$

式中，EHI_i 为第 i 市环境质量指数；w_j 为各指标相对权重；r_{ij} 为第 i 市各指标的标准化值。

4.6.5 资源利用效率

重点城市资源利用效率的评价内容包括水资源利用效率、能源利用效率和环境利用效率，对应的评价指标及计算方法如下：

1）水资源利用效率，指单位 GDP 的用水量。

2）能源利用效率，指单位 GDP 的能源消耗量。

3）环境利用效率，指单位 GDP 的 CO_2 排放量、单位 GDP 的 SO_2 排放量、单位 GDP 的烟粉尘排放量、单位 GDP 的 COD 排放量。

4）综合指数，即资源环境效率指数（resource efficiency index，REI）的含义及计算方法如下：

用重点城市评价指标体系资源效率主题中水资源利用效率、能源利用效率和环境利用效率等指标和各指标在该主题中的相对权重，构建资源环境效率指数，用来反映各市资源利用效率状况。

$$REI_i = \sum_{j=1}^{n} w_j r_{ij}$$

式中，REI_i 为第 i 市资源环境效率指数；w_j 为资源环境效率主题中各指标相对权重；r_{ij} 为第 i 市各指标的标准化值。

4.6.6 生态环境胁迫

重点城市生态环境胁迫的评价内容包括人口密度、水资源开发强度、地下水利用强度、能源利用强度、大气污染、水污染物排放强度、固体废弃物、经济活动强度、热岛效应，对应的评价指标及计算方法如下：

1）人口密度，指单位土地面积人口数。

2）水资源开发强度，指用水量占可利用水资源总量的百分比。

3）地下水利用强度，采用地下水用水量占可利用地下水水资源总量的比例，以及地下水水位来衡量地下水利用强度。

4）能源利用强度，指单位土地面积的能源消耗量。

5）大气污染，指单位土地面积 CO_2 排放量、单位土地面积 SO_2 排放量、单位土地面积烟粉尘排放量、单位土地面积氮氧化物排放量。

6）水污染物排放强度，采用单位土地面积的 COD 排放量、单位土地面积氨氮排放量来衡量。

7）固体废弃物，采用单位土地面积固体废弃物总量来衡量。

8）经济活动强度，指单位土地面积 GDP。

9）热岛效应，利用城市温度场来反映城市热岛效应，城市热岛基于遥感数据来表征，采用以下两个参数衡量：

参数一：地表温度（T_s）。利用 TM 或者 MODIS 数据反演地表温度。

参数二：城市热岛强度。城市热岛强度计算公式：

$$T_{NOR_i} = (T_i - T_{min})/(T_{max} - T_{min})$$

式中，T_{NOR_i} 表示第 i 个像元正规化后的值，处于 0~1；T_i 为第 i 个像元的绝对地表温度；T_{min} 表示绝对地表温度的最小值；T_{max} 表示绝对地表温度的最大值。根据 T_{NOR} 的数值可以划分城市热岛强度大小，也可以对不同时期遥感影像的热岛强度进行比较分析。

10）综合指数，即生态环境胁迫指数（eco-environmental stress index，EESI）的含义及计算方法如下：

用重点城市评价指标体系生态环境胁迫主题中人口密度、水资源开发强度、地下水利用强度、能源利用强度、大气污染排放强度、水污染排放强度、固废排放强度、经济活动强度和热岛效应等指标和各指标在该主题中的相对权重，构建生态环境胁迫指数，用来反映各市生态环境受胁迫状况。

$$EESI_i = \sum_{j=1}^{n} w_j r_{ij}$$

式中，$EESI_i$ 为第 i 市生态环境胁迫指数；w_j 为生态环境胁迫主题中各指标相对权重；r_{ij} 为第 i 市各指标的标准化值。

第 5 章 全国地级市城市化过程及其生态环境效应

为揭示中国典型区域城市化特征，本书首先从国家尺度综合分析了全国地级城市 2000～2010 年城市化和生态环境的时空演变格局，并对不同类型城市开展了分类比较分析。研究结果有助于全面了解中国城市化进程，并为重点区域和典型城市案例研究的筛选提供支撑。

本章首先采用单项指标法分析 2000～2010 年全国地级市的城市化进程和生态环境变化，然后利用综合指标法对城市化水平及其对生态环境的影响开展了综合评估；最后，比较了不同规模城市、不同区位城市和不同功能定位城市的城市化差异及其对生态环境影响的特征。

5.1 城市化水平

城市化水平包括规模城市化、经济城市化、人口城市化与用地城市化等方面。研究结果表明，2000～2010 年，我国各地级市的人口规模、经济规模及用地规模都有显著提高，原先发展规模较大的京津地区、长三角地区及珠三角地区的规模得到进一步扩大。全国各地级市的人均 GDP、人均财政收入及人均工业生产总值等经济指标都有显著提高，但第三产业比重十年间没有明显变化，说明经济水平整体得到提升，但产业结构有待进一步优化。随着市辖区的扩张，市辖区的人口密度没有明显增加，但各地级市的城镇人口比重有所提高。各地教育水平提升，教育投入增加显著。在用地城市化方面，各地级市的人均居住面积与人均道路面积都有显著增加，说明基础设施水平有所提高。

5.1.1 规模城市化

（1）年末总人口

2000 年和 2010 年全国地级市年末总人口分布如图 5-1 所示，均表现为京津冀、长三角、珠三角以及川渝地区人口较多，而西部地区人口较少的分布特征。十年间全国地级城市的年末总人口有所增加，但并未表现出急剧增加的趋势。京津冀、长三角和珠三角等较发达地区的人口进一步聚集，可能与其经济水平较高、就业岗位较多等经济社会因素有关（陈明星等，2009）。人口聚集一方面可以促进当地经济发展，另一方面也可能会给生态环境造成一定压力，造成各类资源消耗增加、农田林地向城市用地转变等负面影响（何芳等，2002；谷学明等，2012）。

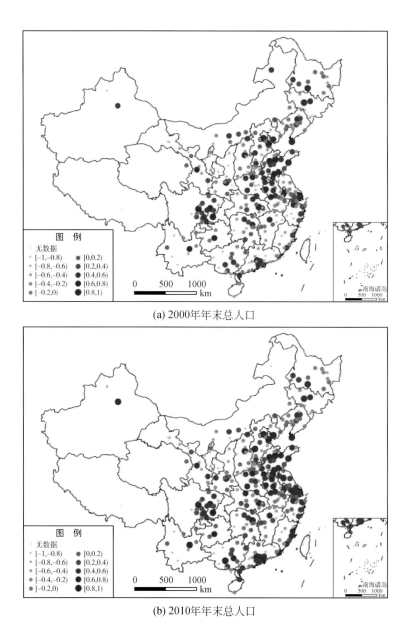

(a) 2000年年末总人口

(b) 2010年年末总人口

图 5-1　年末总人口时空分布示意图

（2）GDP

全国地级城市 GDP 的空间分布如图 5-2 所示。2000 年，仅有东北地区、华北地区、东南沿海等地的少数城市有较高的 GDP。2010 年，GDP 较高的地级市在全国各地均有分布，且在华北平原和东南沿海区域分布较为密集。时段内各地级市的 GDP 均有所增加，尤其是中西部以及东北地区，其 GDP 增加明显。这可能得益于国家的中部崛起、西部大开发及振兴东北老工业基地等发展战略（冯之浚，2005）。

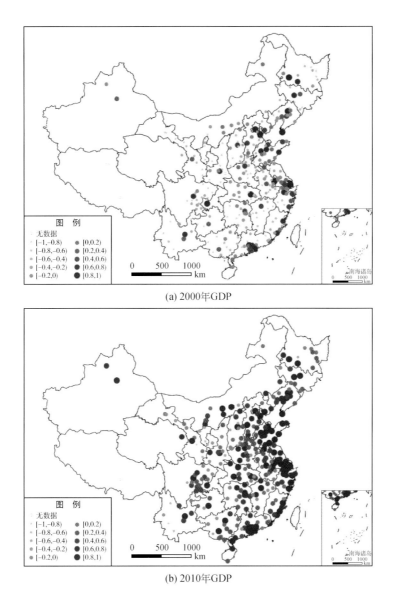

(a) 2000年GDP

(b) 2010年GDP

图 5-2　GDP 时空分布示意图

（3）建成区面积

　　全国地级城市建成区面积的空间分布特征如图 5-3 所示。2000 年，建成区面积较大的区域集中在东北—华北一线，以及长三角、珠三角等东部沿海地区。2010 年，原先建成区面积较大的珠三角、长三角等地依然保持较大的建成区面积，而华北、华中、西南和中南等地的地级市建成区面积增加明显。建成区面积的扩大会侵占原先城市周边的农田与林地，且研究表明我国人口城市化滞后于土地城市化，土地使用粗放，对生态环境造成日益严重的影响，急需协调发展关系（李培祥，2008；谭术魁和宋海朋，2013）。

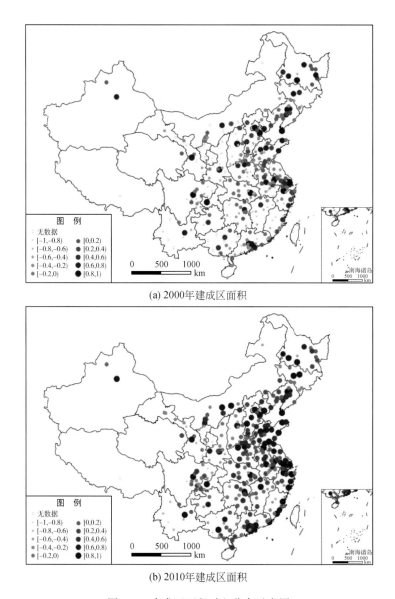

(a) 2000年建成区面积

(b) 2010年建成区面积

图 5-3　建成区面积时空分布示意图

5.1.2　经济城市化

(1) 人均 GDP

全国地级城市人均 GDP 的空间分布特征如图 5-4 所示。2000 年，全国各城市的人均 GDP 不高，相对较高的仅有东南沿海以及位于华北和东北的少数城市。2010 年，全国各地级市的人均 GDP 较 2000 年明显增多，东部大部分城市以及中西部地区少数城市的人均 GDP 较高。从时间动态演变来看，十年间全国地级城市的人均 GDP 表现出急剧

增加的趋势。说明我国整体经济形势越来越好,东部地区对中西部地区的带动作用已有
一定成效。

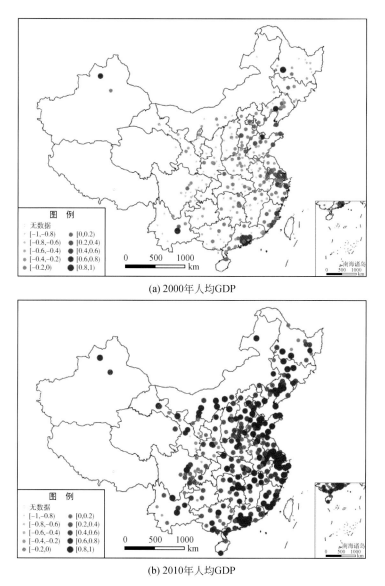

(a) 2000年人均GDP

(b) 2010年人均GDP

图 5-4　人均 GDP 时空分布示意图

(2) 人均财政收入

全国地级城市人均财政收入的空间分布如图 5-5 所示,十年间全国地级城市的人均财
政收入表现出急剧增加的趋势。2000 年,人均财政收入较高的区域仅有珠三角、长三角等
东部沿海地区。2010 年,各地级市的人均财政收入较 2000 年明显增多,尤其是东北、华
北、华中地区。

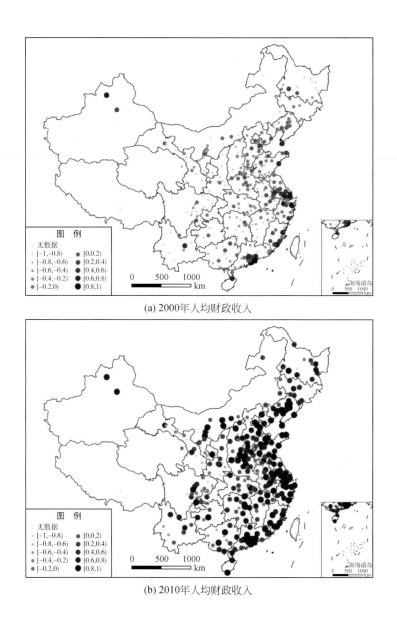

(a) 2000年人均财政收入

(b) 2010年人均财政收入

图 5-5 人均财政收入时空分布示意图

(3) 人均工业总产值

全国地级城市人均工业总产值的空间分布如图 5-6 所示。2000 年，仅珠三角、长三角以及东北少数城市具有较高的人均工业总产值。2010 年，各地级市的人均工业总产值较2000 年明显提高，尤其是川渝和华中地区的城市，其人均工业总产值表现出急剧增加的趋势。

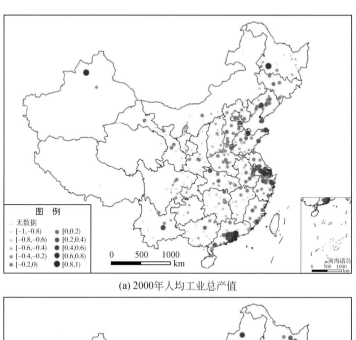

(a) 2000年人均工业总产值

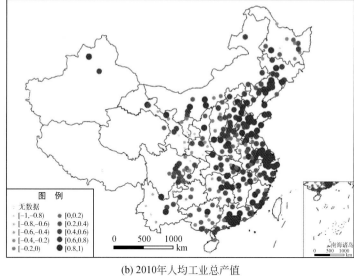

(b) 2010年人均工业总产值

图 5-6 人均工业总产值时空分布示意图

（4）第三产业比重

全国地级城市第三产业比重的空间分布如图 5-7 所示，时段内全国地级市的第三产业比重没有明显变化，东部地区的城市具有相对较高的第三产业比重，中西部地区的第三产业比重的增加较为明显，东北地区第三产业比重有所下降。

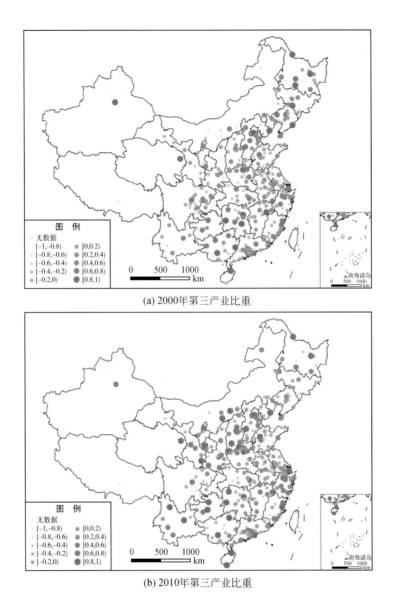

(a) 2000年第三产业比重

(b) 2010年第三产业比重

图 5-7　第三产业比重时空分布示意图

5.1.3　人口城市化

（1）市辖区人口密度

全国地级城市人口密度的空间分布如图5-8所示。2000年，东北、华北、华中和长三角等地城市的市辖区人口密度较大。2010年，市辖区人口密度较大的城市依然多分布于东北、华北、华中等地区。从时间动态演变来看，十年间全国地级城市的人口密度变化不大，整体格局未有明显变化。西北、东北、华东等地的市辖区人口密度略有降低。市辖区人口密度的降低可能与市辖区面积的增大有关，这与我国土地城市化快于人口城市化的现状一致（朱凤凯等，2014）。一些地级市市辖区人口密度的降低也可能与人口流出，向区域中心城市汇聚有关。

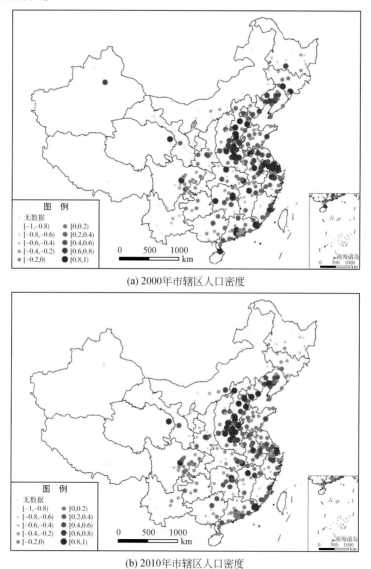

(a) 2000年市辖区人口密度

(b) 2010年市辖区人口密度

图5-8　市辖区人口密度时空分布示意图

（2）城镇人口比重

全国地级城市城镇人口比重的空间分布如图5-9所示。2000年，城镇人口比重较高的城市多集中在我国东北、华北、长三角以及珠三角地区。2010年，全国城镇人口比重较高的地级市形成西北—东北、西南—长三角以及珠三角沿海地区等三个条带。从时间动态演变来看，十年间全国地级城市的城镇人口比重有所增加，且集聚度增大，集中在东北—华

北、华东—中南及福建—广东一带。2010 年，安徽—河南—陕西一带的城镇人口比重与
2000 年相比有所降低，可能是受经济水平限制，本地人口倾向于去往京津冀、长三角、珠
三角等发达地区务工，未留本地所致（蔡昉，2007）。

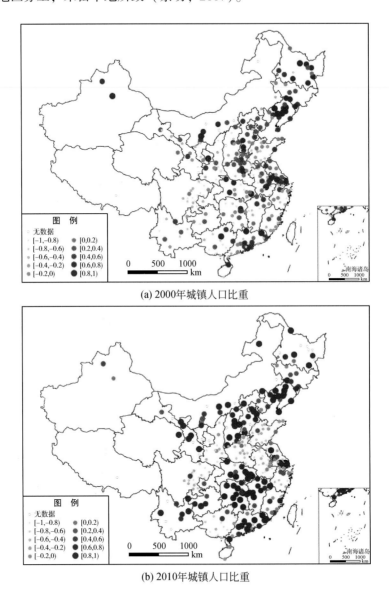

(a) 2000年城镇人口比重

(b) 2010年城镇人口比重

图 5-9　城镇人口比重时空分布示意图

（3）人均教育经费支出

全国地级城市人均教育经费支出的空间分布如图 5-10 所示。十年间，全国地级城市
的人均教育经费支出表现出急剧增加的趋势。2000 年，人均教育经费支出较高的城市集中
在京津、珠三角以及东南沿海等少数地区。2010 年，全国各地的人均教育经费支出都比较

高，说明各地对教育的重视程度均有显著提高，但整体上东部地区人均教育经费支出依然
高于中西部地区。

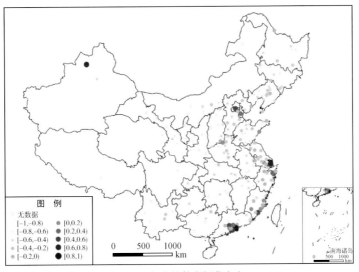

(a) 2000年人均教育经费支出

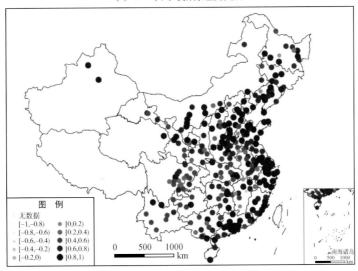

(b) 2010年人均教育经费支出

图 5-10 人均教育经费支出时空分布示意图

（4）每万人拥有高等教育人数

全国地级城市每万人拥有高等教育人数的空间分布如图 5-11 所示。十年间地级市的
每万人拥有高等教育人数表现出急剧增加的趋势。2000 年，全国仅有少数位于华北、华东
等地的城市拥有较高比例的受高等教育人数。2010 年，除西北、西南等偏远地区外，全国
各地的每万人拥有的高等教育人数均较多。这样的变化不仅说明各地对高等教育愈发重
视，也说明几乎各处都有适合受过高等教育的人进行择业、创业的环境，但沿海地区、京

津地区等经济发达区域对高等教育人口的吸引力依然较大（周仲高，2007）。

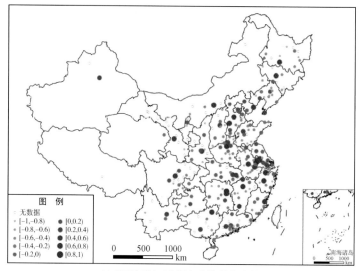

(a) 2000年每万人拥有高等教育人数

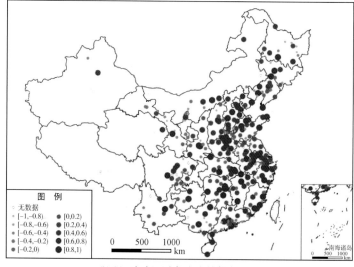

(b) 2010年每万人拥有高等教育人数

图 5-11 每万人拥有高等教育人数时空分布示意图

（5）每万人拥有中学教育人数

全国地级城市每万人拥有中学教育人数的空间分布如图 5-12 所示。从时间动态演变来看，十年间全国地级城市的每万人拥有中学教育人数表现出急剧增加的趋势，尤其是西部地区，人数增加显著。2000 年，华北和华中地区城市的每万人拥有中学教育人数较多。2010 年，全国各地尤其是中西部以及东南沿海地区的城市，具有相对较高的每万人拥有中学教育人数。

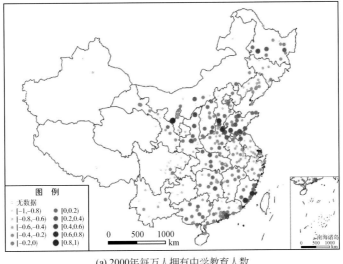

(a) 2000年每万人拥有中学教育人数

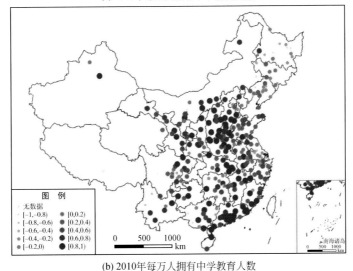

(b) 2010年每万人拥有中学教育人数

图 5-12　每万人拥有中学教育人数时空分布示意图

5.1.4　用地城市化

（1）人均居住面积

全国地级城市人均居住面积的空间分布如图 5-13 所示，十年间全国地级城市，尤其是东部地区城市的人均居住面积表现出急剧增加的趋势。人均居住面积的增加不仅是城市扩张导致的，农村地区人均居住用地的规模也在扩大。在东部沿海地区，虽然农村人口向城市地区迁移，但这并未带来农村居民点的减少（刘彦随，2007）。土地粗放使用的情况在全国各地的城市与农村广泛存在，需要引起重视。

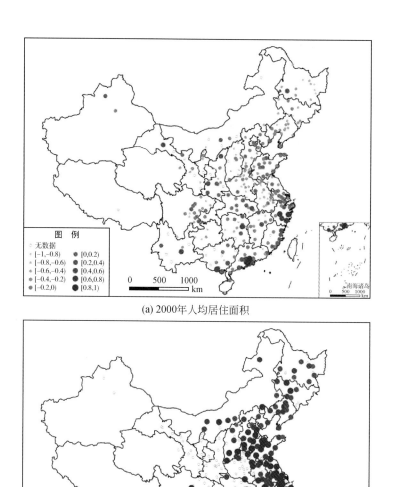

(a) 2000年人均居住面积

(b) 2010年人均居住面积

图 5-13　人均居住面积时空分布示意图

（2）人均城市道路面积

全国地级城市人均城市道路面积的空间分布如图 5-14 所示。从时间动态演变来看，十年间全国地级城市的人均城市道路面积表现出急剧增加的趋势。2000 年，只有珠三角、长三角等少数地区城市的人均城市道路面积较多。2010 年，除了西南等偏远地区，绝大部分地级市的人均城市道路面积都已赶上或超越了珠三角地区的人均道路面积，说明我国道路的基础建设已经达到一定水平。但人均道路面积的增加对生态环境必然存在一定影响，尤其是可能阻碍地区间动物的迁徙（李月辉等，2003a）。

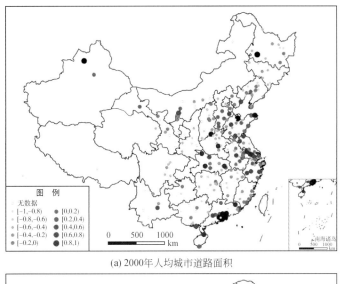

(a) 2000年人均城市道路面积

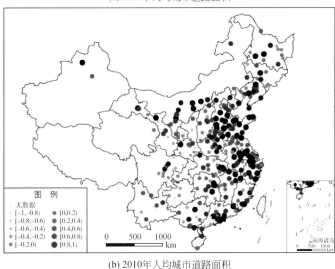

(b) 2010年人均城市道路面积

图 5-14　人均城市道路面积时空分布示意图

5.2　生态环境特征

　　本小节从生态占用、生态建设、环境污染和环境治理四个方面阐述了全国地级市在 2000~2010 年所受到的生态环境影响。从生态占用的角度看，除西部少数地级市外，广大平原地区地级市的人均生态用地面积及生态用地比例都有明显减少。但从生态建设的角度来看，各地级市的人均绿地面积及建成区绿化覆盖率均有明显增加。该现象表明人口的增加与经济的发展会导致生态环境受到影响；但与此同时，国家和地区对于生态环境保护的意识也在增强。工业废水、工业烟尘以及工业 SO_2 等排放量都有显著降低，固废处理率、生活污水集中处理率等均有所提高，单位 GDP 的各类大气污染物排放强度则有明显降低。

这也表明全国地级市的环境污染在减少，环境治理水平在提高。

5.2.1 生态占用

（1）人均生态用地面积

全国地级城市人均生态用地面积的空间分布如图 5-15 所示，我国西北、长三角、珠三角等地区的城市人均生态用地面积较多。从时间动态演变来看，十年间除甘肃、云南等少数地区以外，全国地级城市的人均生态用地面积有所减少，尤其是发展较为迅速的华北、华东、东南沿海地区，其人均生态用地面积明显减少。这与已有的研究结果相一致（喻锋等，2015）。人均生态用地"西高东低"的原因可能是：西部地区生态环境更为脆弱，因此国家和地方给予的关注及投入更多；而东部较发达地区人口流入多，人均生态用地面积就相对较

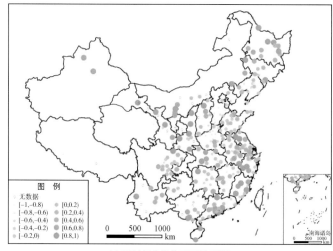

(a) 2000年人均生态用地面积

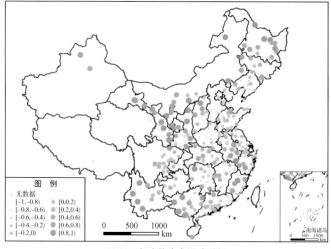

(b) 2010年人均生态用地面积

图 5-15 人均生态用地面积时空分布示意图

少，而人多地少的矛盾加速了土地城市化，使得原有生态用地进一步减少。除了西部需要重点保护的生态用地外，我国东部较发达地区的生态用地也应得到一定保护，开展环境友好型的土地利用模式，提高土地利用效率（俞孔坚等，2009；范建红等，2008）。

（2）生态用地比例

全国地级城市生态用地比例的空间分布如图 5-16 所示，我国川渝、长江中下游等地区的生态用地比例较高。从时间动态演变来看，十年间全国地级城市的生态用地比例表现出较大的减少趋势。除甘肃等西北地区地级市的生态用地比例有所增加之外，东北、华北、华东、华南、西南等地区地级市的生态用地比例均有明显减少。生态用地不仅对于维持生态系统的可持续发展有重要作用，提供诸如防风固沙、水土保持等生态作用，也给居民休闲以及城市垃圾的处理等提供了重要场所（邓红兵等，2009）。因此，在重视经济发展的同时，也应增强对生态用地的保护。

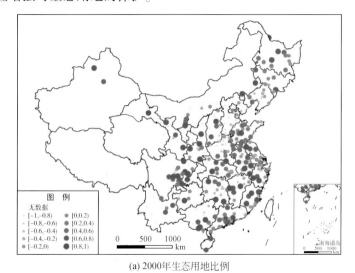

(a) 2000年生态用地比例

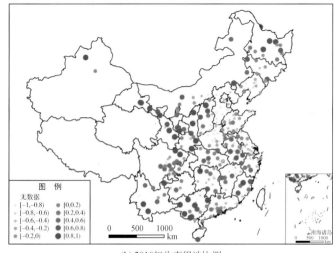

(b) 2010年生态用地比例

图 5-16　生态用地比例时空分布示意图

5.2.2 生态建设

(1) 人均绿地面积

全国地级城市人均绿地面积的空间分布如图 5-17 所示,我国长三角和珠三角等经济相对发达地区的城市拥有较多的人均绿地面积。从时间动态演变来看,十年间全国地级城市的人均绿地面积有所增加,尤其是华北地区,人均绿地面积增加显著。京津冀、长三角、珠三角等经济发达地区的人均绿地面积较高,说明经济较发达地区对于人居环境的重视程度较高。

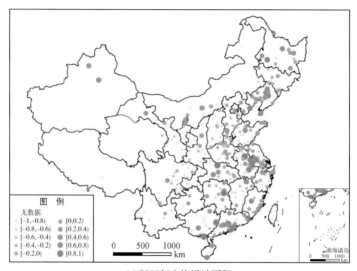

(a) 2000年人均绿地面积

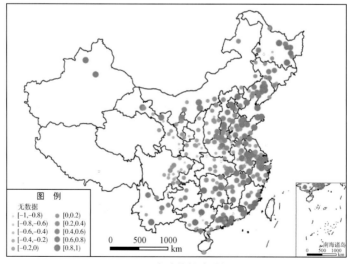

(b) 2010年人均绿地面积

图 5-17 人均绿地面积时空分布示意图

（2）建成区绿化覆盖率

全国地级城市建成区绿化覆盖率的空间分布如图 5-18 所示，十年间全国地级城市的建成区绿化覆盖率有所增加。2000 年，珠三角和长江中游等地区的城市拥有较高的建成区绿化覆盖率。2010 年，我国东部、中部以及川渝等地区城市的建成区绿化覆盖率均比较高。城市绿地不仅给城市居民提供了休闲游憩场所，也提供了降温、增湿、滞尘、生物多样性保护等重要作用（苏泳娴等，2011；Zhou et al.，2011；Zhou et al.，2014；Huang et al.，2011；赵勇等，2002）。

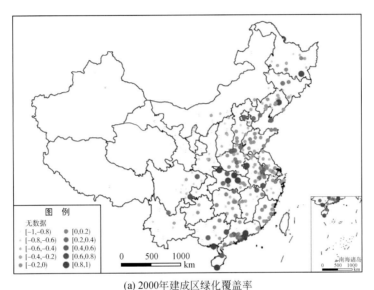

(a) 2000年建成区绿化覆盖率

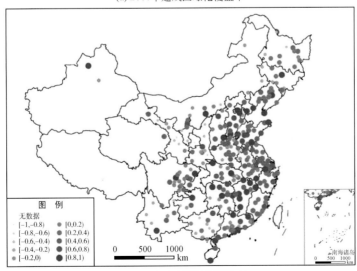

(b) 2010年建成区绿化覆盖率

图 5-18 建成区绿化覆盖率时空分布示意图

5.2.3 环境污染

(1)工业废水排放量

全国地级城市工业废水排放量的空间分布如图 5-19 所示。2005 年，除山东半岛等少数地区外，其余地区地级市的工业废水排放量均比较高。2010 年，我国西北—东北、华南及东南沿海地区地级市的工业废水排放量依然比较高。从时间动态演变来看，五年间全国地级城市的工业废水排放量有所降低，尤其是我国中西部地区，工业废水排放量减少显著，说明我国工业发展对水体质量的负面影响有所降低。

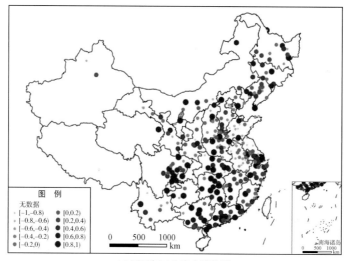

(a) 2005年工业废水排放量

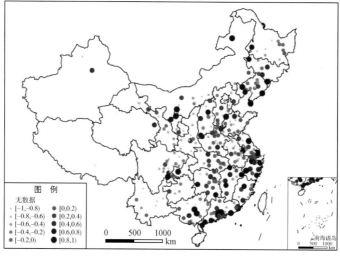

(b) 2010年工业废水排放量

图 5-19 工业废水排放量时空分布示意图

（2）工业烟尘排放量

全国地级城市工业烟尘排放量的空间分布如图 5-20 所示，我国北方地区的城市具有相对较高的工业烟尘排放量。从时间动态演变来看，五年间全国地级城市的工业烟尘排放量有所降低，尤其是我国南部地区。但河南、山西、河北等地的工业烟尘排放量依然较高，这可能是华北地区冬季多雾霾的影响因素之一。

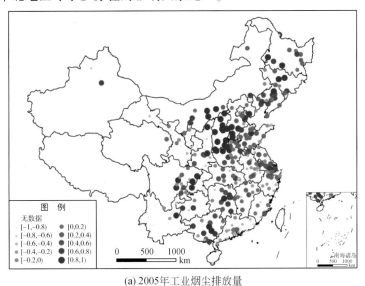

(a) 2005年工业烟尘排放量

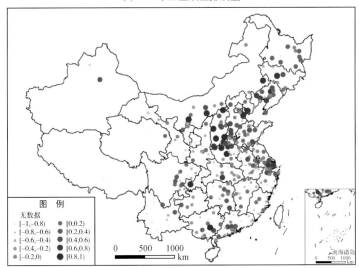

(b) 2010年工业烟尘排放量

图 5-20　工业烟尘排放量时空分布示意图

（3）工业 SO₂ 排放量

全国地级城市工业 SO_2 排放量的空间分布如图 5-21 所示，我国北方地区的城市具有相对较高的工业 SO_2 排放量。从时间动态演变来看，五年间全国地级城市的工业 SO_2 排放量有所降低。排放量的降低可能与技术革新以及国家与地区的监管控制有关。

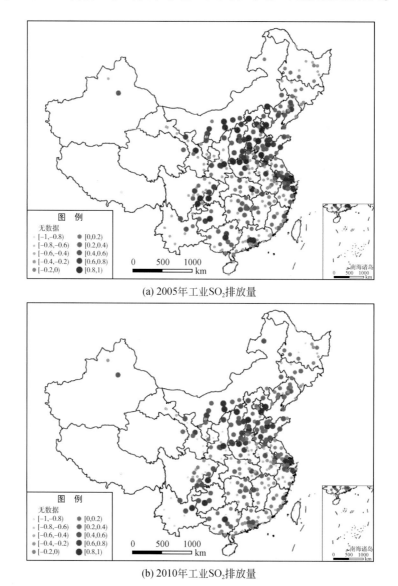

(a) 2005年工业SO₂排放量

(b) 2010年工业SO₂排放量

图 5-21 工业 SO₂ 排放量时空分布示意图

5.2.4 环境治理

(1) 城市生活垃圾无害化处理率

全国地级城市生活垃圾无害化处理率的空间分布如图 5-22 所示。2005 年,城市生活垃圾无害化处理率较高的城市较少,且多集中在华东地区。2010 年,东北—华北、长江中下游以及东南沿海等地区的城市生活垃圾无害化处理率均比较高。从时间动态演变来看，五年间全国地级城市的生活垃圾无害化处理率有所提高，尤其是华北地区以及中南地区，生活垃圾无害化处理率有明显提高。

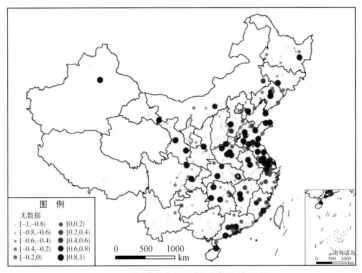

(a) 2005年城市生活垃圾无害化处理率

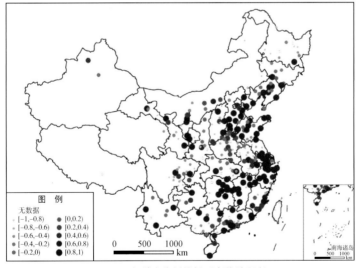

(b) 2010年城市生活垃圾无害化处理率

图 5-22 城市生活垃圾无害化处理率时空分布示意图

（2）工业固体废弃物处置利用率

全国地级城市工业固体废弃物处置利用率的空间分布如图 5-23 所示，我国东部地区的城市具有相对较高的工业固体废弃物处置利用率。从时间动态演变来看，五年间全国大部分地级城市的工业固体废弃物处置利用率有所提高。尤其是川渝、东北及东南沿海地区，工业固体废弃物处置利用率提高明显。

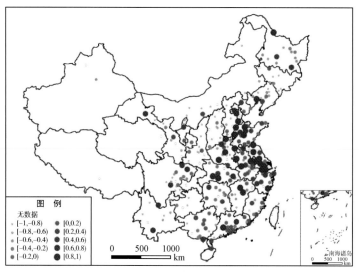

(a) 2005年工业固体废弃物处置利用率

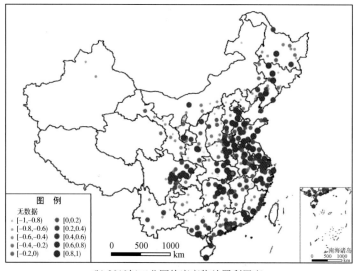

(b) 2010年工业固体废弃物处置利用率

图 5-23　工业固体废弃物处置利用率时空分布示意图

（3）城镇生活污水集中处理率

全国地级城市生活污水集中处理率的空间分布如图 5-24 所示。2005 年，仅有少数位于华北和华东地区的城市具有相对较高的生活污水集中处理率。2010 年，全国中部以及东部地区城市的生活污水集中处理率均达到较高比例。从时间动态演变来看，五年间全国地级城市的生活污水集中处理率有所提高。华北、华中、华东地区城镇生活污水集中处理率提高显著。在城镇污水处理工艺水平提高的同时，也存在一些不足，尤其是污水处理能力闲置等问题（陈中颖等，2009）。城镇生活污水已经成为水体污染的一大来源（吴雅丽等，2014；Chen et al.，2016），而水体污染又会对土壤、饮用水与食品安全等造成威胁，所以应继续提高城镇生活污水集中处理水平与监管力度。

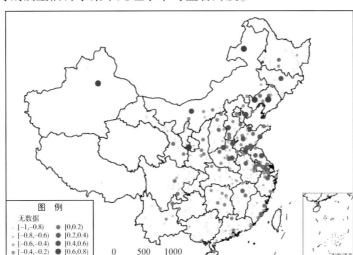

(a) 2005年城镇生活污水集中处理率

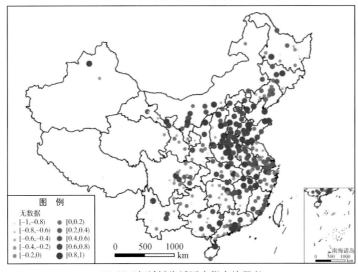

(b) 2010年城镇生活污水集中处理率

图 5-24 城镇生活污水集中处理率时空分布示意图

（4）万元 GDP 工业废水排放强度

全国地级城市万元 GDP 工业废水排放强度的空间分布如图 5-25 所示。2005 年，全国除华东、西北等少数地区外，其余各地级市的万元 GDP 工业废水排放强度均比较高。2010 年，全国各地仅有少数城市具有较高的万元 GDP 工业废水排放强度。从时间动态演变来看，五年间全国地级城市的万元 GDP 工业废水排放强度明显降低，说明我国 GDP 增长对水环境的影响程度减小。工业废水排放强度减少可能与中水回用等技术的发展与推广有关（籍国东等，1999）。

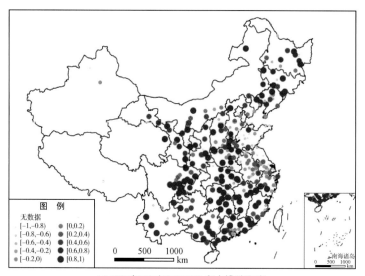

(a) 2005年万元GDP工业废水排放强度

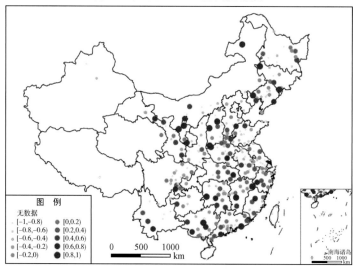

(b) 2010年万元GDP工业废水排放强度

图 5-25　万元 GDP 工业废水排放强度时空分布示意图

（5）万元 GDP 工业烟尘排放强度

全国地级城市万元 GDP 工业烟尘排放强度如图 5-26 所示。2005 年，除西北、华东和东南沿海等地区外，全国各地级市的万元 GDP 工业烟尘排放强度均比较高。2010 年，除少数北方地区城市之外，其余地级市的万元 GDP 工业烟尘排放强度均比较低。从时间动态演变来看，五年间全国地级城市的万元 GDP 工业烟尘排放强度明显降低，仅山西、河南等地的排放强度偏高，说明我国经济发展对大气环境的影响有所降低。

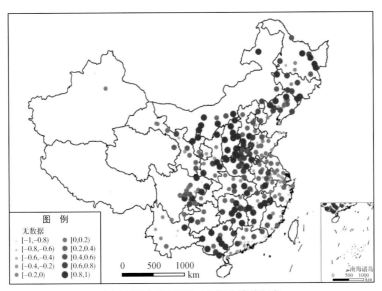

(a) 2005年万元GDP工业烟尘排放强度

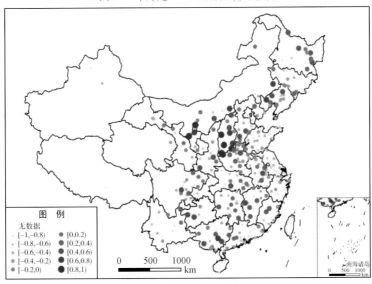

(b) 2010年万元GDP工业烟尘排放强度

图 5-26　万元 GDP 工业烟尘排放强度时空分布示意图

（6）万元 GDP 工业 SO₂ 排放强度

　　全国地级城市万元 GDP 工业 SO_2 排放强度的空间分布如图 5-27 所示。2005 年，除西北、东北、华东和东南沿海等地区外，全国各地级市的万元 GDP 工业 SO_2 排放强度均比较高。2010 年，我国中部和东部的绝大部分地级市的万元 GDP 工业 SO_2 排放强度均比较低。从时间动态演变来看，五年间全国地级城市的万元 GDP 工业 SO_2 排放强度明显降低，仅中西部以及西南地区的排放强度偏高。

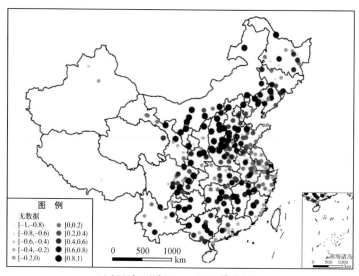

(a) 2005年万元GDP工业SO₂排放强度

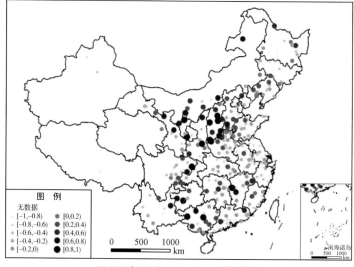

(b) 2010年万元GDP工业SO₂排放强度

图 5-27　万元 GDP 工业 SO₂ 排放强度时空分布示意图

5.3　综合分析

　　本小节利用城市化水平综合指数、生态占用与污染排放总量综合指数、资源消耗与污染排放强度综合指数 3 个综合指数来分析城市化与生态环境在全国范围内的综合表现。并通过城市年际的动态比较，综合分析了全国地级市 2000 年、2005 年和 2010 年的城市化水平与生态环境效应的动态变化。

5.3.1 城市化与生态环境综合指数

（1）城市化水平综合指数

全国地级城市城市化水平的空间分布特征如图 5-28 所示，东部地区尤其是沿海地区城市的城市化水平综合指数较高。十年间全国地级城市的城市化水平有较大幅度的提高。2000 年，仅珠三角与长三角地区的城市化水平综合指数较高。2010 年，华北、华中、东北以及中南部地级市的城市化水平综合指数有明显增加。

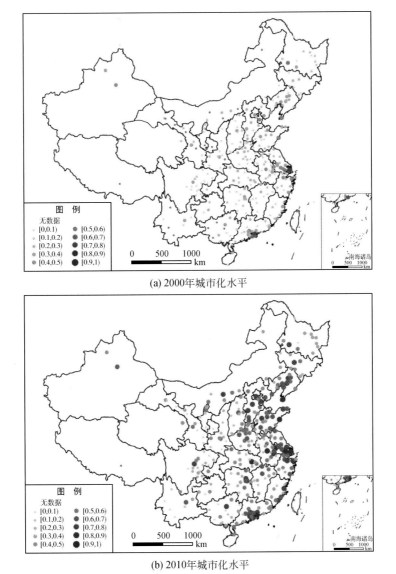

(a) 2000年城市化水平

(b) 2010年城市化水平

图 5-28　城市化水平时空分布示意图

（2） 生态占用与污染排放总量综合指数

全国地级城市生态占用与污染排放总量的空间分布如图 5-29 所示，东部地区以及川渝地区的城市具有相对较高的生态占用与污染排放总量。从时间动态演变来看，十年间全国地级城市的生态占用与污染排放总量有所降低，尤其是华北、华中地区，生态占用与污染排放的综合指数明显减小。

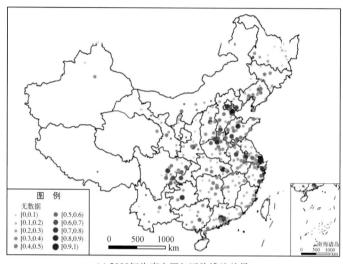

(a) 2000年生态占用与污染排放总量

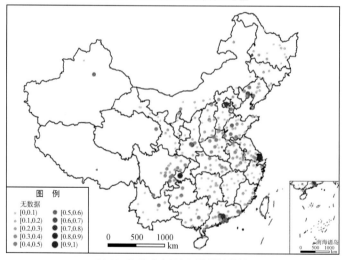

(b) 2010年生态占用与污染排放总量

图 5-29　生态占用与污染排放总量时空分布示意图

（3） 资源消耗与污染排放强度综合指数

全国地级城市资源消耗与污染排放强度的空间分布如图 5-30 所示。2000 年，我国东南沿海地区的城市有相对较低的资源消耗与污染排放强度。2010 年，全国地级市的资源消耗与污染排放强度均比较低。从时间动态演变来看，十年间全国地级城市的资源消耗与污染排放强度有较大幅度的降低。

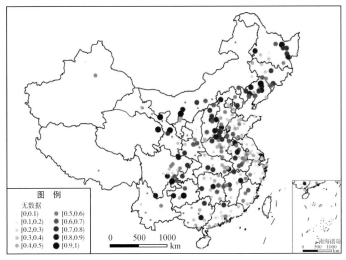

(a) 2000年资源消耗与污染排放强度

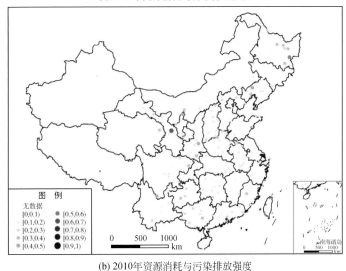

(b) 2010年资源消耗与污染排放强度

图 5-30　资源消耗与污染排放强度时空分布示意图

5.3.2　全国地级城市的动态比较

从 2000～2010 年的城市化综合水平上看（图 5-31），规模城市化的增幅在经济、用地和人口三个方面的表现并不一致。其中，十年间 GDP 的增幅最大，其次为城市建成区面积的扩张幅度，相对而言，城市总人口的增幅较小。经济城市化相对于规模城市化、用地城市化和人口城市化是十年间增幅最大的，城镇居民人均可支配收入、人均地方财政收入和人均工业总产值均表现为明显快速的增长趋势，即城市居民、政府和工业收入在十年间增幅巨大。三类主要城市用地类型的变化在十年间同样表现出增幅差异。其中，城市道路面积的增幅最大，居住用地面积的增幅次之，工业用地面积的增幅相对较小。人口城市化在十年间的增幅相对其他三类城市化测度指标最小，人口密度和城镇人口比重都有增长。

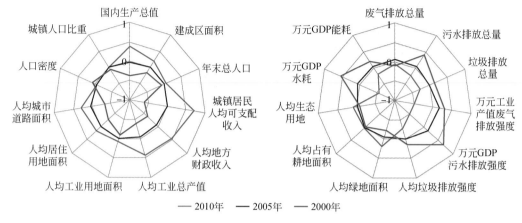

图 5-31　全国地级城市的动态比较

从 2000~2010 年的生态环境效应上看，污染物排放总量呈现逐年递减的变动趋势，工业废弃物、生活污水和生活垃圾的排放总量均有所降低，特别是在生活废弃物的减排上成效显著。相对排放总量，污染物排放强度在十年间的降低幅度更为明显，三类主要污染物的减排效果明显。在生态占用的影响方面，十年间城市建成区内的绿地面积呈现增加的趋势，而城郊耕地与生态用地面积则呈现减少的变动趋势，生态占用影响应当引起重视。在资源消耗强度上，万元 GDP 水耗和能耗强度均在十年间有所降低，但资源消耗总量并未显著减少。

5.4　全国不同类型地级城市十年城市化及生态环境影响的综合比较

本节对不同规模、不同区位及不同定位城市的城市化及生态环境影响进行了综合比较。研究表明，城市规模等级越高，其城市化水平就越高，污染物排放总量以及生态占用与能耗的总量也越高；而各类污染物排放强度、能源消耗强度则越低。东部地区城市的城市化水平高于中西部地区，且污染物排放强度相对较低；北方城市具有相对较为严重的大气污染和垃圾污染；南方城市的水污染问题相对更加严重。沿海沿江城市的城市化水平比内陆城市高，其水资源占用和水污染问题也更为严重。城市群城市具有相对较高城市化水平以及建成区绿化面积，但这些城市对城郊耕地和生态用地的侵占较为严重。资源型城市在用地城市化的水平上相对高于其他城市，且对环境污染和资源消耗的影响较大。老工业城市的工业用地面积较大，且各类污染物的排放总量和排放强度，以及对资源的消耗强度均明显高于其他城市。环保卫生城市以及生态园林城市的经济城市化明显高于其他城市，并且这些城市对污染物排放强度和资源消耗强度的管控更加有效；尽管如此，仍无法有效解决城市化导致污染物排放总量和生态占用总量居高不下的负效应。生态省下辖城市在污染物排放总量和生态占用总量方面优于环保卫生城市或生态园林城市。

5.4.1 不同规模城市比较

以城市规模为依据开展了特大城市、大城市、中等城市与小城市的综合评估和比较研究。城市的空间尺度范围一般为市区及部分市辖县。1989 年制定的《中华人民共和国城市规划法》已于 2008 年 1 月 1 日废止，而同时实施的《中华人民共和国城乡规划法》没有设定城市规模的条文。目前我国尚未从立法的层面对大中小等城市规模的概念进行统一。2010 年，由中国中小城市科学发展高峰论坛组委会、中小城市经济发展委员会与社会科学文献出版社共同出版的《中小城市绿皮书》依据目前中国城市人口规模现状，对划分界定大中小城市提出了新标准：依据市区常住人口，将全国主要城市分为巨大型城市（1000 万人以上）、特大城市（300 万~1000 万人）、大城市（100 万~300 万人）、中等城市（50 万~100 万人）、小城市（50 万人以下）。

如图 5-32 所示，在城市化综合水平上，城市人口规模越大，其城市化水平就相对越高，特别是在规模城市化上，不同规模等级的城市差别极其显著。也就是说，特大城市和大城市的规模城市化、经济城市化、土地城市化和人口城市化水平均要相对高于中小城市。

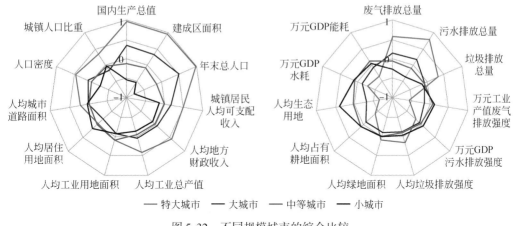

图 5-32　不同规模城市的综合比较

而在生态环境效应上，特大城市和大城市各类污染物的排放总量要明显高于中小城市，污染物排放强度却要低于中小城市。特大城市和大城市的建成区绿化水平相对高于中小城市，其对城郊耕地和生态用地的侵占同样相对较高。特大城市和大城市具有相对较低的水耗和能耗强度，但其对资源的占用总量很可能仍然较高。

5.4.2 不同区位城市比较

(1) 东、中、西部城市

根据国家发改委发布的消息，目前，西部地区包括的省级行政区共 12 个，分别是四川、重庆、贵州、云南、西藏、陕西、甘肃、青海、宁夏、新疆、广西、内蒙古；中部地区有8个省级行政区，分别是山西、吉林、黑龙江、安徽、江西、河南、湖北、湖南；东部地区包括的11个省级行政区分别是北京、天津、河北、辽宁、上海、江苏、浙江、福建、山东、广东和海南。

如图5-33所示，在城市化综合水平上，东部城市的规模城市化、经济城市化、土地城市化和人口城市化水平均要相对高于中西部城市。

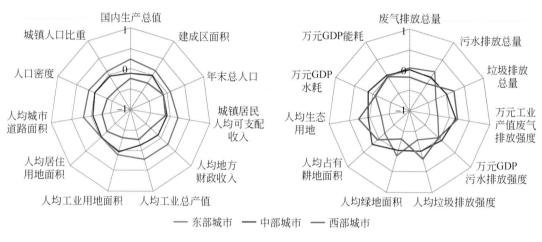

—— 东部城市 —— 中部城市 —— 西部城市

图5-33　东、中、西部城市的综合比较

在生态环境效应上，东部城市工业废气和生活污水的排放总量相对高于中西部城市，但生活垃圾的排放总量却相对较低，这与东部城市较高水平的垃圾处理率有关。东部城市各类污染物的排放强度相对低于中西部城市，这主要归因于东部城市相对高水平的经济总量或产出。东部城市的建成区绿化水平相对高于中西部城市，其对城郊耕地和生态用地的侵占同样相对较高。

（2）北方城市与南方城市

南北城市的划分参照秦岭—淮河一线进行区分，位于秦岭—淮河一线以南的城市划分为南方城市，反之则为北方城市。

如图5-34所示，在城市化综合水平上，北方城市具有相对较高的城市建成区面积、城镇人口比重及人均居住用地面积，而南方城市则拥有相对较高的人均可支配收入。在城市化的其他方面或具体指标上，二者并无多少差异。

在生态环境效应上，北方城市具有相对较高的工业废气排放总量和生活垃圾排放总量，而南方城市生活污水的排放总量则要高于北方城市。同样的，北方城市工业废气排放强度以及人均垃圾排放强度也要高于南方城市，南方城市生活污水的排放强度则也要高于北方城市。说明北方城市具有相对较为严重的大气污染和垃圾污染，南方城市的水污染问题则相对更加严重。在生态占用与资源消耗影响方面，北方城市具有更多的耕地面积，更高的能耗强度，而南方城市的水耗强度则要更高。简言之，南方城市面临着更为严重的水污染问题，北方城市面临着更为严重的大气污染、垃圾污染和能源消耗问题。

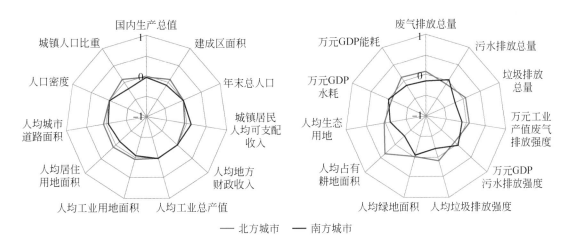

图 5-34 北方城市与南方城市的综合比较

(3) 沿海沿江城市与内陆城市

沿海沿江城市主要指沿海开放城市和沿长江的地级城市。如图 5-35 所示，在城市化综合水平上，沿海沿江城市的规模城市化、经济城市化、用地城市化和人口城市化水平均要高于内陆城市。

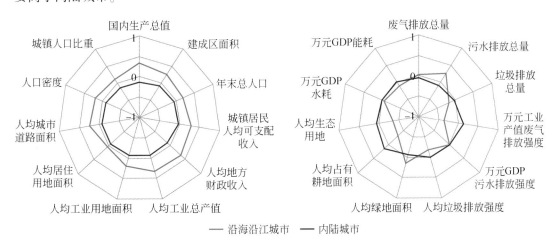

图 5-35 沿海沿江城市与内陆城市的综合比较

在生态环境效应上，沿海沿江城市的污水排放总量显著高于内陆城市，其废气排放强度则显著低于内陆城市。说明沿海沿江城市借助其靠近水体的区位优势，污水排放削减力度不足，而大气污染治理则要优于内陆城市。在生态占用的影响上，沿海沿江城市的建成区绿化面积高于内陆城市，但其对城郊耕地和生态用地的侵占却也更为严重。在资源消耗上，沿海沿江城市的水耗强度与内陆城市并无差异，能耗强度则略低于内陆城市。总之，沿海沿江城市对水资源的占用和水污染问题应引起重视。

5.4.3 不同定位城市比较

(1) 城市群城市与其他城市的综合比较

城市群城市主要包括京津唐、长三角、珠三角、长株潭、武汉和成渝城市群，各城市群包含城市的名单参照项目统一下发的城市群名单确定。

如图 5-36 所示，在城市化综合水平上，城市群城市的规模城市化、经济城市化、用地城市化和人口城市化水平均要高于其他城市。

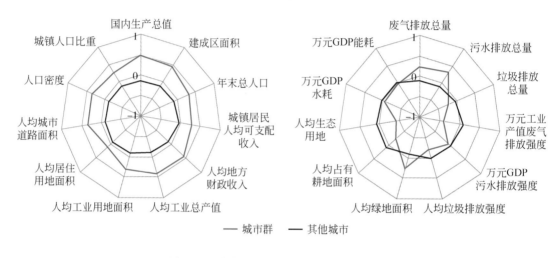

图 5-36　城市群城市与其他城市的综合比较

在生态环境效应上，城市群城市的工业废气排放总量和生活污水排放总量均显著高于其他城市，但其废气排放的强度却相对较低。在生态占用的影响上，城市群城市具有相对较高的建成区绿化面积，其对城郊耕地和生态用地的侵占却也更为严重。在资源消耗强度上，城市群城市与其他城市并无显著差异，但不排除城市群城市的资源消耗总量仍然较高。简言之，城市群城市的污染排放总量、生态占用总量及资源消耗总量相对较高，即对生态环境的直接和实际影响较大。

(2) 资源型城市与其他城市的综合比较

所谓资源型城市即城市的生产和发展与资源开发有密切关系。具体来讲，根据资源开采与城市形成的先后顺序，资源型城市的形成有两种模式：一种为"先矿后城式"，即城市完全是因为资源开采而出现的，如大庆、金昌、攀枝花、克拉玛依等；另一种为"先城后矿式"，即在资源开发之前已有城市存在，资源的开发加快了城市的发展，如大同、邯郸等。

如图 5-37 所示，在城市化综合水平上，资源型城市的规模城市化、经济城市化和人口城市化水平与其他城市并无显著差异，但其在用地城市化的水平上则要相对高于其他城市，突显了其土地资源的比较优势。

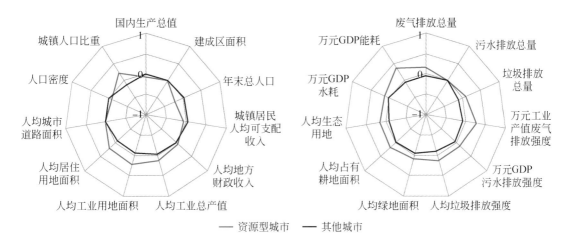

图 5-37　资源型城市与其他城市的综合比较

在生态环境效应上，资源型城市具有相对较高的工业废气排放总量和生活垃圾排放总量。特别的，资源型城市的各类污染物排放强度均要显著高于其他城市。说明资源型城市在环境污染物排放总量和强度上表现不佳，是其环境问题的症结所在。另外，资源型城市具有相对较高的建成区绿化面积、城郊耕地面积及生态用地面积，说明其土地资源优势还是比较明显的。在资源消耗强度上，资源型城市同样表现不佳，其水资源和能源消耗强度均要相对较高。总之，资源型城市在环境污染和资源消耗方面影响较大。

（3）老工业城市与其他城市的综合比较

根据《国务院关于全国老工业基地调整改造规划（2013～2022 年）的批复》（国函〔2013〕46 号），老工业基地是指"一五"、"二五"和"三线"① 建设时期国家布局建设、以重工业骨干企业为依托聚集形成的工业基地。老工业基地的基本单元是老工业城市。根据上述时期国家工业布局情况，以及有关指标测算，全国共有老工业城市 120 个，分布在 27 个省份，其中地级城市 95 个，直辖市、计划单列市、省会城市 25 个。

如图 5-38 所示，在城市化综合水平上，老工业城市在规模城市化领域的优势较其他城市较为明显，特别是在建成区面积上，表明其城市扩张显著。在经济城市化方面，老工业城市的人均工业总产值、人均地方财政收入都要高于其他城市，但人均城镇居民可支配收入却没有明显差别，说明老工业城市的政府收入和工业收入增加明显，但居民收入的增加则不显著。在用地城市化方面，老工业城市的工业用地面积优势最为显著。此外，老工业城市的人口密度和城镇人口比重等人口城市化水平也要高于其他城市。

在生态环境效应上，老工业城市各类污染物的排放总量和排放强度，以及对资源的消耗强度均要明显高于其他城市，而老工业城市的生态用地占用影响不及环境污染和资源

---

① "一五"指国家第一个五年计划建设时期；"二五"指国家第二个五年计划建设时期；"三线"即三线建设，指的是自 1964 年起中华人民共和国政府在中国中西部地区的 13 个省（自治区）进行的一场以战备为指导思想的大规模国防、科技、工业和交通基本设施建设。

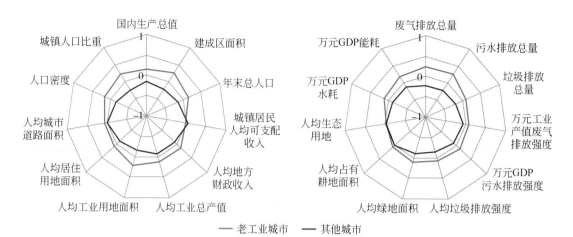

图 5-38　老工业城市与其他城市的综合比较

消耗。

（4）环保卫生城市与其他城市的综合比较

参考爱国卫生运动委员会与精神文明建设指导委员会办公室审核通过的名单，本书的环保卫生城市包括获得环境保护重点城市、国家环境保护模范城市和国家卫生城市称号的地级城市。

如图 5-39 所示，在城市化综合水平上，环保卫生城市的规模城市化、经济城市化、用地城市化和人口城市化均要显著高于其他城市，特别是在经济城市化上，城镇居民人均收入和地方政府财政收入的提高使得这些城市有能力去投资参评环保卫生城市。

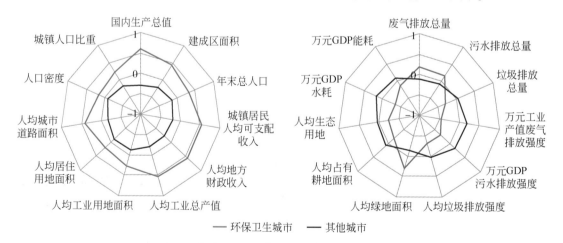

图 5-39　环保卫生城市与其他城市的综合比较

在生态环境效应上，环保卫生城市的工业废气排放总量和生活污水排放总量仍然相对较高，表明环保卫生城市也难以解决污染物排放总量居高不下的现实。在污染物排放强度方面，环保卫生城市的工业废气、生活污水和生活垃圾排放强度均要显著低于其他城市，说明环保卫生城市在污染物排放强度的减排工作上较有成效。在生态占用的影响上,环保卫生城市具有相对较高的建成区绿地面积,但其城郊耕地和生态用地面积损失较高。在资源消耗强度方面,环保卫生城市的万元 GDP 水耗和能耗都相对较低。总之,环保卫生城市在污染物排放强度和资源消耗强度方面的工作卓有成效,但却仍然无法有效解决城市化导致污染物排放总量和生态占用总量居高不下的负效应。

(5) 生态园林城市与其他城市的综合比较

参考环境保护部与住房和城乡建设审核通过的名单,本书的生态园林城市包括获得国家级生态示范区、国家生态市、国家园林城市称号的地级城市。

如图 5-40 所示,在城市化综合水平上,生态园林城市的规模城市化、经济城市化、用地城市化和人口城市化均要显著高于其他城市,特别是在经济城市化上,城镇居民人均收入和地方政府财政收入的提高使得这些城市有能力去投资参评生态园林城市。

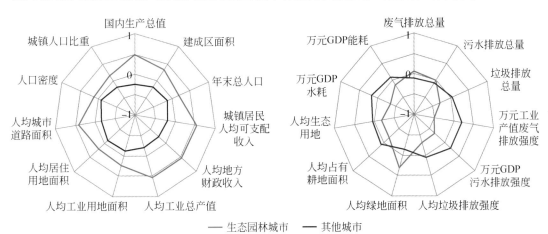

图 5-40 生态园林城市与其他城市的综合比较

在生态环境效应上,生态园林城市的各类污染物排放总量与其他城市相比差别不大。在污染物排放强度方面,生态园林城市的工业废气、生活污水和生活垃圾排放强度均要显著低于其他城市,说明生态园林城市在污染物排放强度的减排工作上较有成效。在生态占用的影响上,生态园林城市具有相对较高的建成区绿地面积,但其城郊耕地和生态用地面积损失较高。在资源消耗强度方面,生态园林城市的万元 GDP 水耗和能耗都要相对较低,特别是水耗强度远远低于其他城市。总之,生态园林城市在污染物排放强度和资源消耗强度方面的工作卓有成效,但仍然无法有效解决城市化导致污染物排放总量和生态占用总量居高不下的负效应。

(6) 生态省下辖城市与其他城市的综合比较

参考环保部审核通过的名单,本书的生态省下辖城市包括获得国家生态省称号的省份下辖的所有地级城市。

如图 5-41 所示,在城市化综合水平上,生态省下辖城市的规模城市化、经济城市化和用地城市化均要显著高于其他城市,特别是在经济城市化上,城镇居民人均收入和地方政府财政收入的提高使得这些城市的所在省份有能力去投资参评生态省。

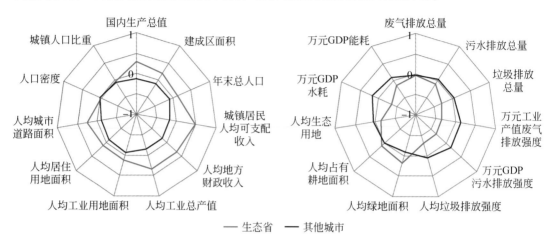

图 5-41　生态省下辖城市与其他城市的综合比较

在生态环境效应上，生态省下辖城市的各类污染物排放总量和生态占用总量与其他城市相比差别不大。在污染物排放强度方面，生态省下辖城市的工业废气、生活污水和生活垃圾排放强度均要显著低于其他城市，说明生态省下辖城市在污染物排放强度的减排工作上较有成效。在资源消耗强度方面，生态省下辖城市的万元 GDP 水耗和能耗都相对较低，特别是水耗强度远远低于其他城市。总之，生态省下辖城市在污染物排放强度和资源消耗强度方面的工作卓有成效，其在污染物排放总量和生态占用总量方面优于环保卫生城市或生态园林城市的原因很可能是因为生态省下辖城市中既有大城市也有中小城市，这一结果事实上是这些城市的平均值。

第6章　典型城市群城市化过程及其生态环境效应

城市群的发展是我国目前城市化的主要表现形式，不同城市群的自然地理条件差别显著，社会经济定位不同，在国家发展战略中展现不同的优势，这种发展模式的差异也对生态环境带来了不同程度的影响。因此，识别和剖析全国典型城市群的发展现状和面临的问题，可为其他城市群的发展建设提供重要参考。在城市群尺度，选择京津冀城市群、长三角城市群、珠三角城市群、长株潭城市群、成渝城市群和武汉城市群6个城市群。其中京津冀、长三角和珠三角代表我国东部沿海地区的城市群发展模式，长株潭和成渝城市群代表我国中部地区城市群城市化的主要模式，成渝城市群代表了西部地区的城市化模式。本章着重对这6个城市群的城市化进程、生态质量、环境质量、资源环境效率和生态环境胁迫进行对比和分析，对比总结近三十年（1980~2010年）各城市群发展中的共性和差异性特征。

6.1　城市化强度

城市化是20世纪以来，人类社会发生的最大变化，到2030年，全球城市人口预计将超过60%，作为世界上人口最多的发展中国家，中国的城市化水平相对较低，但是近三十年来，中国的城市化进程进入了加速阶段（王效科等，2009）。1980~2010年，我国六大典型城市群的人口、土地和经济城市化水平都呈不断升高趋势，并存在明显的时空分异特征。从时间尺度上来看，1980~1990年城市化速度整体低于1990~2010年；从空间尺度上来看，东部沿海城市群的城市化水平和同期增长速度均明显高于中西部城市群。

6.1.1　土地城市化

土地城市化是指城市群区域人工表面的扩张过程，最直接展示着城市的物理扩张过程，近三十年，各城市群土地城市化进程显著，人工表面面积占土地面积百分比显著增加。其中长三角城市群土地城市化程度最高，2010年土地城市化率达到21.85%，人工表面面积从1980年的4180km² 增加至2010年的22 336km²，三十年间增加18 156km²（图6-1）。与此同时，六个城市群的土地城市化强度存在显著的区域差异（图6-1），总体表现为东部沿海城市群土地城市化率快于中西部城市群，成渝城市群土地城市化率最低，2010年为2.45%，低于全国平均水平（2.69%，2010年），三十年来，人工表面面积仅增加2919km²。此外，六个城市群的土地城市化进程具有鲜明的阶段性特征，最近二十年增长速度明显高于 1980～1990 年，尤其是 1990～2000 年，土地城市化速率较快，除成渝城市群外的 5 个城市群增长率均高于 2000～2010 年增长率，如长株潭城市群，人工表面在 1990～2000 年增长 79.46%，而 2000～2010 年，人工表面仅增长 34.33%（图6-1）。

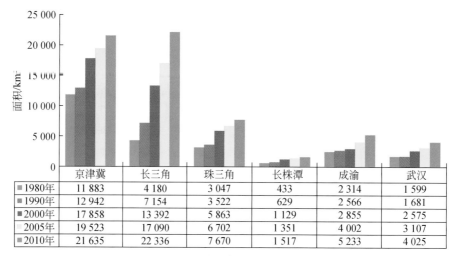

	京津冀	长三角	珠三角	长株潭	成渝	武汉
■1980年	11 883	4 180	3 047	433	2 314	1 599
■1990年	12 942	7 154	3 522	629	2 566	1 681
■2000年	17 858	13 392	5 863	1 129	2 855	2 575
□2005年	19 523	17 090	6 702	1 351	4 002	3 107
■2010年	21 635	22 336	7 670	1 517	5 233	4 025

(a)人工表面面积

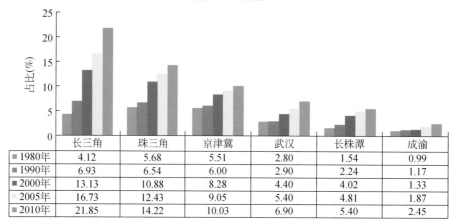

	长三角	珠三角	京津冀	武汉	长株潭	成渝
■1980年	4.12	5.68	5.51	2.80	1.54	0.99
■1990年	6.93	6.54	6.00	2.90	2.24	1.17
■2000年	13.13	10.88	8.28	4.40	4.02	1.33
□2005年	16.73	12.43	9.05	5.40	4.81	1.87
■2010年	21.85	14.22	10.03	6.90	5.40	2.45

(b)占国土面积百分比

图6-1　6个城市群人工表面面积及其土地面积占比

6 个城市群中，长三角和珠三角城市群与其余 4 个城市群的土地城市化过程具有显著的差别，具体表现如下：

长三角城市群土地城市化模式主要表现为城市空间结构经历由单中心向多中心转变的过程（图6-2）。1980～1990 年，区域内仅上海市城市化率最高，其余各市城市化水平均远小于上海，且差异较小。1990 年后，特别是 2000～2010 年，上海以外的其他城市土地城市化率大幅提高，同时各城市差异逐步增大，形成了不同级别的多个增长中心（南京、杭州和苏州—无锡—常州）。表明长三角城市群已从仅注重单一城市发展的城市化阶段转变为多个城市协同发展的城市化阶段，城市的扩张进入新一轮的扩散—合并过程。

　　珠三角城市群的地理环境位置决定城市群内部城市相对较为密集，同时国家对该城市群政策扶植力度较大（如深圳经济特区），极大地促进了珠三角城市群的土地城市化（图6-2）。珠三角城市群的城市化过程经历由单中心向双中心的发展模式。20世纪80年代，珠三角城镇呈零星点状分布，仅广州城市化水平较高。20世纪90年代，珠三角城市化呈现飞跃式的发展，形成以广州、深圳为中心的双核心结构，同时，各城市之间出现了"点-线"式的链接模式。2000~2010年，更是形成广州—佛山城市连绵带和东莞—深圳城市连绵带。

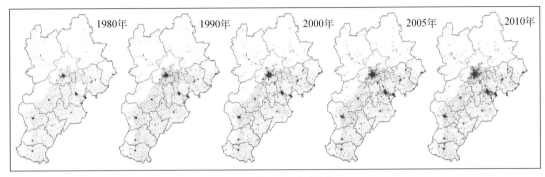

(a)京津冀城市群土地城市化

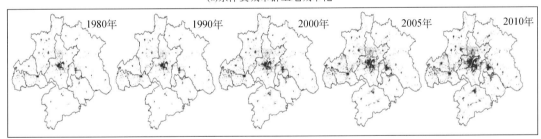

(b)武汉城市群土地城市化

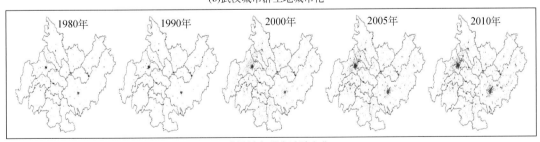

(c)成渝城市群土地城市化

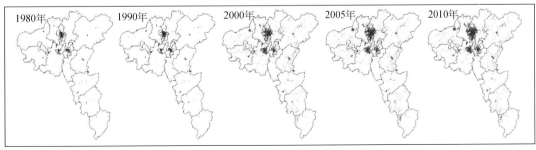

(d)长株潭城市群土地城市化

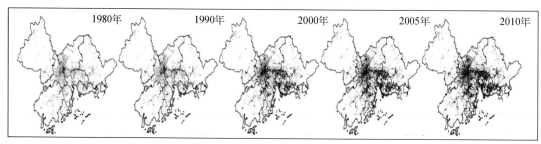

(e)珠三角城市群土地城市化

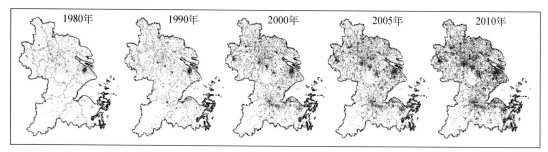

(f)长三角城市群土地化

图6-2　六大城市群土地城市化情况
注：阴影表示已被城市化的土地

　　其余4个城市群的发展模式较为相似，表现为核心城市迅速扩张，而非核心城市变动较小。空间上基本表现为单核型（武汉城市群和长株潭城市群）或双核型（京津冀城市群和成渝城市群）发展模式，同时，城市群内部各城市之间的差异不断增大。

　　土地城市化的过程是以人工表面扩张，其他土地覆盖类型被侵占的形式进行的，在分析的6个城市群中，城市群人工表面的扩张展现了共同的特征，即人工表面扩张以侵占耕地为主，1980～2010年，6个城市群耕地转移占比均超过50%（图6-3）。具体来说，长三角城市群近三十年来因城市扩张占用耕地10 051.52km²，京津冀城市群则占用16 835.31km²。林地覆盖比例较高的珠三角城市群和长株潭城市群，近三十年来林地转移至人工表面比例分别为25.86%和39.29%（1178.73km²和493.09km²），远高于其余城市群（其余4个城市群林地最高转移7.11%）。而京津冀、长三角和珠三角3个沿海城市群，近三十年来对湿地的利用强度有所提高，表现为湿地转移为人工表面比例高于其他城市群，以长三角城市群为例，三十年间湿地占用总量达到1692.32km²。

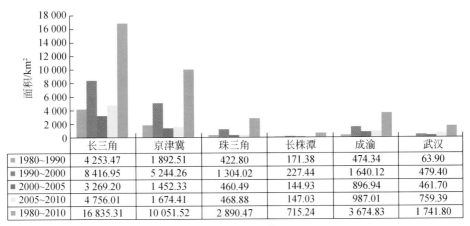

	长三角	京津冀	珠三角	长株潭	成渝	武汉
■ 1980~1990	4 253.47	1 892.51	422.80	171.38	474.34	63.90
■ 1990~2000	8 416.95	5 244.26	1 304.02	227.44	1 640.12	479.40
■ 2000~2005	3 269.20	1 452.33	460.49	144.93	896.94	461.70
2005~2010	4 756.01	1 674.41	468.88	147.03	987.01	759.39
■ 1980~2010	16 835.31	10 051.52	2 890.47	715.24	3 674.83	1 741.80

(a)耕地→人工表面

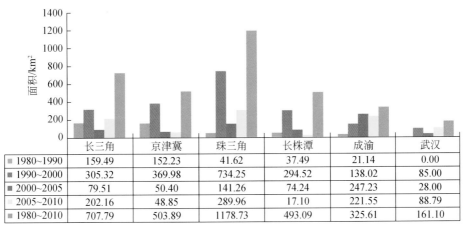

	长三角	京津冀	珠三角	长株潭	成渝	武汉
■ 1980~1990	159.49	152.23	41.62	37.49	21.14	0.00
■ 1990~2000	305.32	369.98	734.25	294.52	138.02	85.00
■ 2000~2005	79.51	50.40	141.26	74.24	247.23	28.00
2005~2010	202.16	48.85	289.96	17.10	221.55	88.79
■ 1980~2010	707.79	503.89	1178.73	493.09	325.61	161.10

(b)林地→人工表面

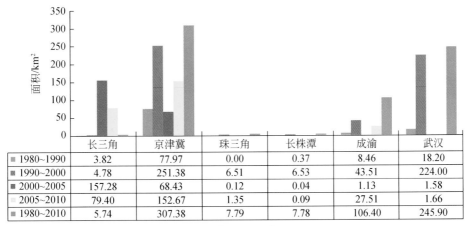

	长三角	京津冀	珠三角	长株潭	成渝	武汉
■ 1980~1990	3.82	77.97	0.00	0.37	8.46	18.20
■ 1990~2000	4.78	251.38	6.51	6.53	43.51	224.00
■ 2000~2005	157.28	68.43	0.12	0.04	1.13	1.58
2005~2010	79.40	152.67	1.35	0.09	27.51	1.66
■ 1980~2010	5.74	307.38	7.79	7.78	106.40	245.90

(c)草地→人工表面

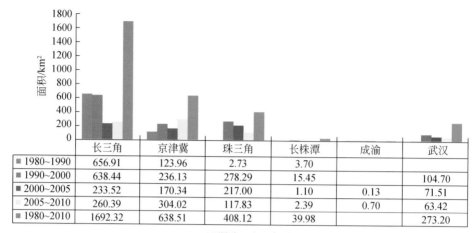

	长三角	京津冀	珠三角	长株潭	成渝	武汉
■ 1980~1990	656.91	123.96	2.73	3.70		
■ 1990~2000	638.44	236.13	278.29	15.45		104.70
■ 2000~2005	233.52	170.34	217.00	1.10	0.13	71.51
□ 2005~2010	260.39	304.02	117.83	2.39	0.70	63.42
■ 1980~2010	1692.32	638.51	408.12	39.98		273.20

(d)湿地→人工表面

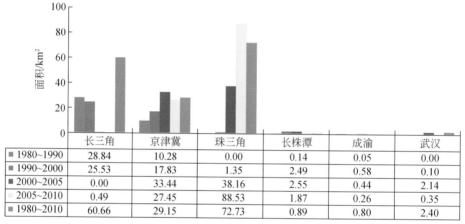

	长三角	京津冀	珠三角	长株潭	成渝	武汉
■ 1980~1990	28.84	10.28	0.00	0.14	0.05	0.00
■ 1990~2000	25.53	17.83	1.35	2.49	0.58	0.10
■ 2000~2005	0.00	33.44	38.16	2.55	0.44	2.14
□ 2005~2010	0.49	27.45	88.53	1.87	0.26	0.35
■ 1980~2010	60.66	29.15	72.73	0.89	0.80	2.40

(e)其他→人工表面

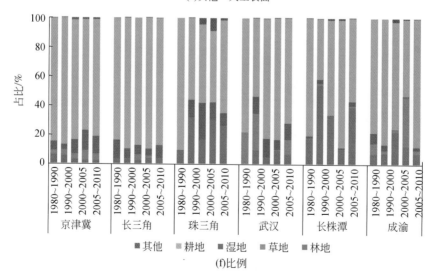

(f)比例

图6-3 6个城市群各土地覆盖类型转移至人工表面面积及比例

6.1.2　人口城市化

城市化过程在改变地表物理性质的同时，也吸引并集聚了大量的人口，改变了城市群区域人口分布的格局。1980～2010年，各城市群的人口城市化水平均不断升高，但城市群间人口城市化强度和速率差别较大。东部沿海的三个城市群人口城市化率高于中西部城市群，人口城市化强度最高的是珠三角城市群，2010年人口城市化率为71.93%，其次为长三角城市群和京津冀城市群，成渝城市群最低，仍低于全国平均水平（图6-4）。长三角城市群非农人口数量最大，达到4673.83万人。

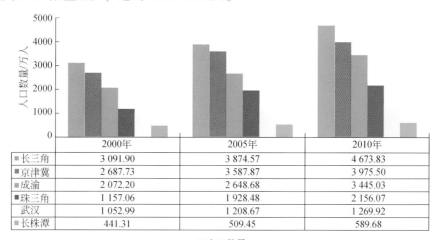

	2000年	2005年	2010年
■长三角	3 091.90	3 874.57	4 673.83
■京津冀	2 687.73	3 587.87	3 975.50
■成渝	2 072.20	2 648.68	3 445.03
■珠三角	1 157.06	1 928.48	2 156.07
武汉	1 052.99	1 208.67	1 269.92
■长株潭	441.31	509.45	589.68

(a)人口数量

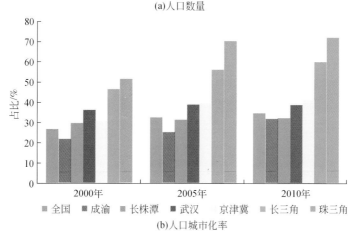

■全国　■成渝　长株潭　■武汉　京津冀　长三角　■珠三角

(b)人口城市化率

图6-4　全国和各城市群的非农业人口数量和人口城市化率

珠三角城市群人口城市化水平最高，其人口城市化发展速率在2005～2010年较2000～2010年有所下降，与之相反，长三角城市群的人口城市化发展速率在2005～2010年是2000～2005年的2倍。另外，由于珠三角城市群外来务工人员比较多，导致每1000万人中只有251.03万户籍人口，形成一种特殊的"倒挂"现象。

京津冀城市群总人口在几个城市群中最多，但其人口城市化率却低于珠三角城市群和长三角城市群，2010年仅为41.29%。说明京津冀城市群仍具备较大的人口城市化发展空间。与此同时，京津冀城市群内部城市之间的人口城市化率差异很大，其中北京和天津两个重点城市人口城市化率较高，2010年达到78.67%和60.72%。成渝城市群在2000~2010年常住人口下降了83.06万人，但其人口自然增长率是在逐年增加的，可见其常住人口总数的下降主要是由于大量人员的外出务工造成的。虽然总人口数在下降，但是成渝城市群人口城市化水平逐年增加，且同全国城市化平均水平的差距也在不断缩小，由2000年的5.13%减小到3.08%。长株潭城市群的总人口在上升，但实际上是只有长沙的总人口在快速增加，株洲和湘潭的总人口在2000~2010年有所下降。

6.1.3　经济城市化

城市化作为我国经济发展的主要引擎之一，对经济发展、产业转型升级起到重要的作用，尤其是在城市群区域，通过城市群各城市之间的经济及产业协作，实现了比单一城市更快的发展路径。具体来说，1980~2010年，各城市群的GDP在不断增长，2010年六个城市群的GDP总量为218 553亿元，占全国GDP的50.77%（图6-5），同时东部沿海的三个城市群的GDP总量均高于中西部的三个城市群。从产业结构来看，2010年长三角、珠三角、成渝、长株潭、武汉五个城市群呈现"二三一"的产业结构布局，京津冀城市群呈现"三二一"的产业布局。从时间序列角度看，城市群基本上呈现第二产业和第三产业比重上升，第一产业比重不断下降的趋势。不同城市群发展速度和发展阶段不同，按照城市化发展阶段理论，京津冀城市群和长三角城市群已经进入城市化快速发展期，其他四个城市群均处在不断发展第二产业，第三产业发展速率低于第二产业的工业化后期阶段。

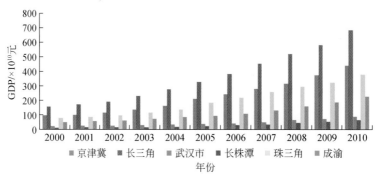

图6-5　城市群的GDP

2000~2010年，不同的城市群呈现差异化的产业结构变化情况，但整体以第三或第二产业的比重上升为主。京津冀城市群的二产比重有轻微波动，珠三角、长三角以及其他城市群二产比重逐渐上升。京津冀、长三角、珠三角、武汉城市群的三产比重逐渐上升，成渝城市群和长株潭城市群第三产业比重稍微有所下降。从产业结构变化趋势和2010年产业结构比例可以看出，除京津冀城市群以外其他城市群的2010年第二产业比重均高于全国平均水平（46.61%）；除长株潭城市群和成渝城市群以外，其他城市群 2010 年第三产业比例均高于全国平均水平（43.34%）。

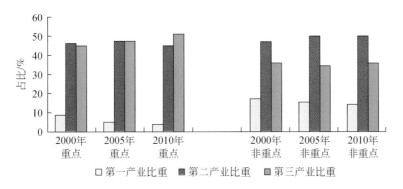

图 6-6　京津冀城市群重点和非重点城市产业结构

　　城市群内部，由于地理区位、产业分工等因素的自然和社会经济要素的差异，各城市之间尤其是在重点和非重点城市之间也存在着显著的差别。重点城市逐渐向以第三产业为主导的产业结构变化，第二产业和第一产业比重呈下降趋势，非重点城市第二产业呈现上升趋势，体现了城市群中两种类型城市的产业分工的关联和协作特征。具体的从六个城市群的数据来看："重点城市"和"非重点城市"的 GDP 均在增加，但差异越来越大，产业结构变化也有明显不同（如京津冀城市群，图 6-6 和图 6-7）。1980～2000 年，"重点城市"的第一产业、第二产业比例都明显降低，第三产业比例明显增加；"非重点城市"依然是第一产业比例降低，但降幅明显变小，第二产业和第三产业比例增加。1980～2010 年长三角城市群重点城市第一产业降低 8%，第二产业降低 7.5%，第三产业增加 11.4%；"非重点城市"第一产业降低 3.2%，第二产业增加 1.6%，第三产业增加 1.5%。

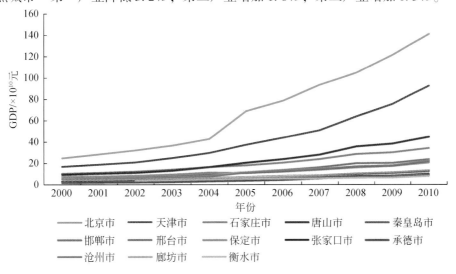

图 6-7　京津冀城市群各城市 GDP 变化

6.1.4 城市化水平综合评估

（1）城市群城市化的综合特征分析

因发展程度存在差异，不同城市群的城市化强度存在差异性和相似性。利用玫瑰图的方式，综合地比较分析六大城市群土地、经济和人口城市化特征，并将其分为三类（图 6-8）：

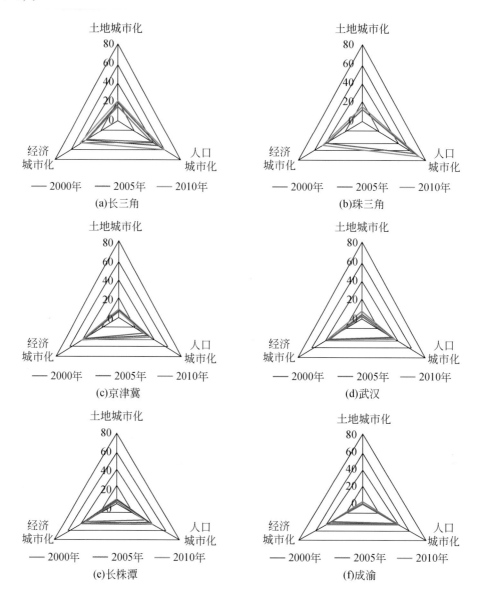

图 6-8　6 个城市群城市化发展速度

第一类是发展较为成熟的城市群,以长三角和珠三角城市群为代表。总体表现为:土地城市化率和人口城市化率增长较快,从发展速度上看,长三角城市群人口城市化率快于土地城市化率,但发展速度较为均衡。而珠三角城市群 2000 ~ 2005 年,人口城市化率出现一个较大幅度的增长,2005 ~ 2010 年趋于平稳。

第二类是发展相对均衡的城市群,以京津冀和武汉城市群为代表,总体表现为:土地、人口和经济城市化率三者发展较长三角和珠三角城市群平衡。

第三类是城市化水平发展较慢的城市群,以长株潭和成渝城市群为代表。总体表现为:土地城市化率均远低于其他四个城市群。而从发展趋势上看,两个城市群 2010 年经济城市化率小于 2005 年经济城市化率。综合 3 个指标 10 年来的发展速度相对其他城市化较为平稳。

(2) 城市群城市化中的人口与土地城市化的相互推动机制

人口城市化与土地城市化相互关系的发展特征与区域城市化进程紧密相关(朱凤凯等,2014)。近 10 年来,我国人口城市化和土地城市化均有较快发展。整体而言,全国城市建成区面积增长速率高于城市人口的增长速率,且除个别年外,二者差距基本保持在 4% ~ 7%(图 6-9),表明我国城市土地利用效率不高,城市建成区的扩张还属于粗放式增长。

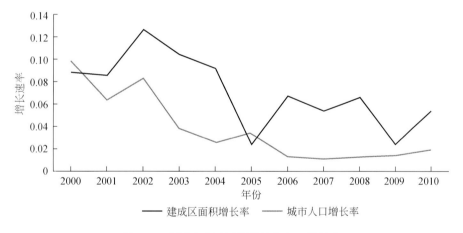

图 6-9　全国建成区面积及城市人口增长率

在单位人工表面的人口数量方面,2000 ~ 2010 年,除珠三角城市群外,单位人工表面(含居民用地、工业用地、交通用地和采矿场)人口数和单位居民地人口数均有所下降(图 6-10 和图 6-11),说明土地的集约利用程度在降低,也从另一侧面反映了我国城市土地利用效率较低的现状。特别是成渝城市群和武汉城市群,下降程度显著(分别下降 48% 和 38%)。造成人口密度如此大幅度下降的原因主要有两个方面:一是常住人口总数小幅度下降(分别下降 3.8% 和 1.5%);二是快速土地城市化引起人工表面急剧增加。

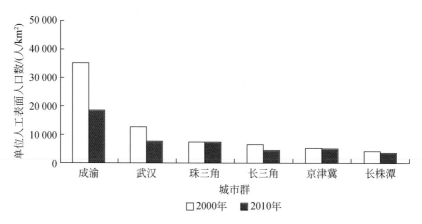

图 6-10　6 个城市群单位人工表面人口数

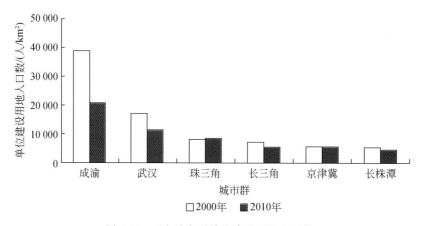

图 6-11　6 个城市群单位建设用地人口数

6.2　生态质量

1980～2010 年，我国 6 个典型城市群农田生态系统面积呈持续降低的趋势，而人工表面比例不断增加。城市的快速和大规模扩张挤占大量的耕地和其他生态用地，并导致耕地破碎化程度显著提高（李俊祥等，2004；袁艺等，2003）。其中长三角、京津冀和成渝城市群的植被覆盖（林地和草地）比例有所增加，珠三角、武汉和长株潭城市群的植被覆盖比例减少，且多数城市群的植被景观破碎度增加，揭示了城市化过程可以人为地增加植被覆盖度，但不断增强的人类活动对植被景观格局的干扰程度持续加剧。

城市群土地覆盖类型均以林地和耕地为主（图 6-12），但各土地覆盖类型比例存在较大差异，珠三角城市群和长株潭城市群林地比例较高，超过 60%，其余 4 个城市群则耕地比例较高。1980～2010 年，6 个典型城市群人工表面占土地面积比增加趋势明显，耕地比例显著下降。京津冀城市群、长三角城市群和珠三角城市群的人工表面显著大于其他 3 个城市群。成渝城市群和其他城市群不同，其耕地面积减少主要由于林地的增加，退耕还林等工程是这种变化的主要原因。除成渝城市群外的 5 个城市群，林地、草地和湿地覆盖比例基本无变化，耕地主要转化为人工表面。京津冀城市群的草地比例明显大于其他城市群，约占 5%，而长三角、珠三角和武汉城市群湿地比例明显高于其他城市群。

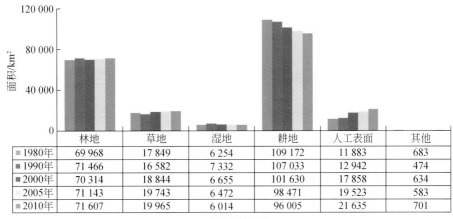

	林地	草地	湿地	耕地	人工表面	其他
■1980年	69 968	17 849	6 254	109 172	11 883	683
■1990年	71 466	16 582	7 332	107 033	12 942	474
■2000年	70 314	18 844	6 655	101 630	17 858	634
2005年	71 143	19 743	6 472	98 471	19 523	583
■2010年	71 607	19 965	6 014	96 005	21 635	701

(a)京津冀城市群

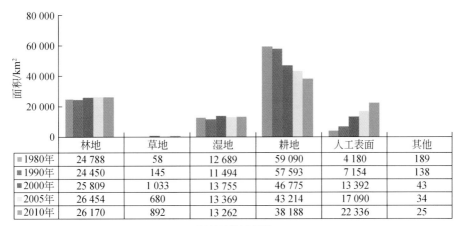

	林地	草地	湿地	耕地	人工表面	其他
■1980年	24 788	58	12 689	59 090	4 180	189
■1990年	24 450	145	11 494	57 593	7 154	138
■2000年	25 809	1 033	13 755	46 775	13 392	43
2005年	26 454	680	13 369	43 214	17 090	34
■2010年	26 170	892	13 262	38 188	22 336	25

(b)长三角城市群

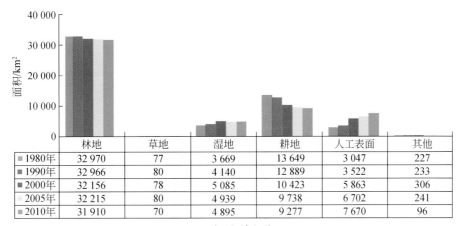

	林地	草地	湿地	耕地	人工表面	其他
■1980年	32 970	77	3 669	13 649	3 047	227
■1990年	32 966	80	4 140	12 889	3 522	233
■2000年	32 156	78	5 085	10 423	5 863	306
2005年	32 215	80	4 939	9 738	6 702	241
■2010年	31 910	70	4 895	9 277	7 670	96

(c)珠三角城市群

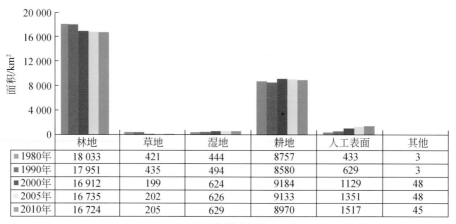

	林地	草地	湿地	耕地	人工表面	其他
■1980年	18 033	421	444	8757	433	3
■1990年	17 951	435	494	8580	629	3
■2000年	16 912	199	624	9184	1129	48
2005年	16 735	202	626	9133	1351	48
■2010年	16 724	205	629	8970	1517	45

(d)长株潭城市群

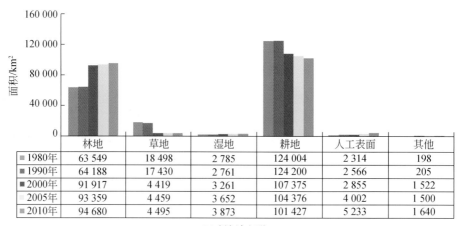

	林地	草地	湿地	耕地	人工表面	其他
■1980年	63 549	18 498	2 785	124 004	2 314	198
■1990年	64 188	17 430	2 761	124 200	2 566	205
■2000年	91 917	4 419	3 261	107 375	2 855	1 522
2005年	93 359	4 459	3 652	104 376	4 002	1 500
■2010年	94 680	4 495	3 873	101 427	5 233	1 640

(e)成渝城市群

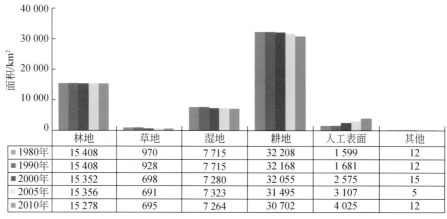

	林地	草地	湿地	耕地	人工表面	其他
■1980年	15 408	970	7 715	32 208	1 599	12
■1990年	15 408	928	7 715	32 168	1 681	12
■2000年	15 352	698	7 280	32 055	2 575	15
2005年	15 356	691	7 323	31 495	3 107	5
■2010年	15 278	695	7 264	30 702	4 025	12

(f)武汉城市群

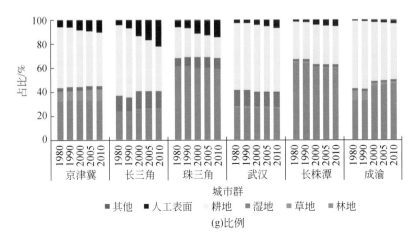

图 6-12　6 个城市群土地覆盖类型面积及其比例

6.2.1　植被覆盖

各城市群植被面积比例差异显著（图 6-13），长三角城市群比例最低，仅为 25% 左右，长株潭城市群比例最高，在 60% 以上。6 个城市群 30 年的变化过程，可分为两类：植被面积比例增加（长三角、京津冀和成渝城市群）和比例减少（珠三角、武汉和长株潭城市群）。其中，成渝和珠三角城市群分别为增加和减少最显著的城市群，变化幅度分别为 7.57% 和 6.24%。武汉城市群是变化最小的，比例下降 1.6%。从变化阶段来看，1990 ~ 2000 年是变化最显著的十年，这在成渝城市群和长株潭城市群两个城市群体现得尤为明显，变化幅度分别为三十年变化总量的 85.87% 和 83.61%。

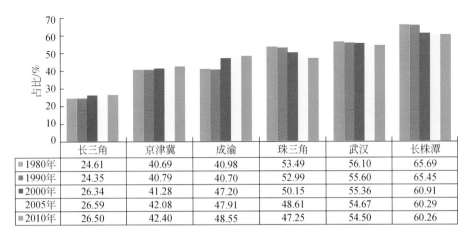

	长三角	京津冀	成渝	珠三角	武汉	长株潭
1980年	24.61	40.69	40.98	53.49	56.10	65.69
1990年	24.35	40.79	40.70	52.99	55.60	65.45
2000年	26.34	41.28	47.20	50.15	55.36	60.91
2005年	26.59	42.08	47.91	48.61	54.67	60.29
2010年	26.50	42.40	48.55	47.25	54.50	60.26

图 6-13　城市群植被面积比例

在京津冀、长三角和成渝 3 个植被面积上升的城市群中，京津冀城市群的植被主要分布在京津冀的西部和北部，1984～2010年，京津冀各地级市的植被面积比例均表现为增加，其中增加最大的是北京，增加5%左右。长三角的植被主要分布在南部的城市中，30年间，长三角植被比例呈现为1980～1990年微降后的持续上升趋势。成渝是植被面积比例上升最显著的城市群，30年间增加7.6%。

珠三角、长株潭和武汉3个植被面积比例减少的城市群中，珠三角城市群的植被比例减少最为明显，30年降低6.24%，主要降低出现在1990～2000年；长株潭城市群减少5.43%，而武汉城市群减少量最小，仅为1.6%。

6.2.2　植被破碎化程度

植被破碎化程度是用以说明城市化进程中的人为活动对城市群区域植被分布情况的影响，一般认为，城市化带来的剧烈人类活动将使植被呈现高破碎化的特征，但在6个城市群中，我们发现植被破碎化程度并不是一定朝高破碎化的方向发展。具体来说：1980～2010年，不同城市群的植被斑块密度不仅具有显著的时空差异（图6-14），而且呈现不同的变化过程，且变化幅度差异显著。大体可以分为3种变化类型：①持续增加，包括长株潭城市群；②持续减少，包括武汉城市群和珠三角城市群；③先增加后减少，包括长三角、京津冀和成渝城市群。植被破碎化程度和连接度随着斑块密度的变化而变化。植被破碎度和斑块密度成正相关，斑块连接度和斑块密度成负相关。纵观6个城市群，1990～2000年是植被斑块密度变化最显著的十年。除此之外，长三角城市群和京津冀城市群植被斑块密度在1980～1990年也有非常明显的上升。

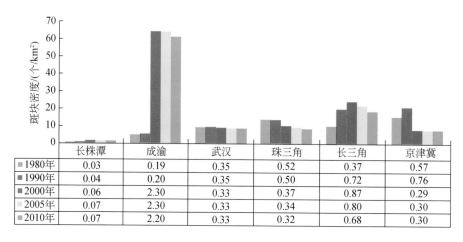

图6-14　6个城市群植被斑块密度

	长株潭	成渝	武汉	珠三角	长三角	京津冀
■1980年	0.03	0.19	0.35	0.52	0.37	0.57
■1990年	0.04	0.20	0.35	0.50	0.72	0.76
■2000年	0.06	2.30	0.33	0.37	0.87	0.29
□2005年	0.07	2.30	0.33	0.34	0.80	0.30
■2010年	0.07	2.20	0.33	0.32	0.68	0.30

京津冀城市群和长三角城市群的植被斑块密度有相似的总体变化趋势——先增加后减少，但是二者之间还存在一些差异。京津冀城市群的植被斑块密度在1984～1990年增加，2000年左右减少到一个较低的水平上，2000～2010年保持稳定。长三角城市群的植被斑块密度与京津冀不同的是，2000年的斑块密度相比1980年是增加的，然后2000～2010

年有小幅的下降。30年间，长三角城市群植被斑块密度整体趋于更加破碎。珠三角城市群是6个城市群中植被斑块密度唯一持续减少的城市群，从1980年的0.52减少到2010年0.32，其植被破碎化程度明显降低。其中1990~2000年的减小最为明显，主要由于这一时期珠三角城市扩张幅度大，建成区内以及建成区周边的林地受到侵占，小的森林斑块数量大量减少，而大型山体的植被没有受到破坏，大面积的植被斑块保留较好，故30年间植被破碎度降低。长株潭和成渝城市群30年间植被斑块密度都有明显的增加，反映了整体植被受外部作用力加强，植被景观被切割程度加大，整体格局趋于破碎化，但是两者有一定的差别。长株潭城市群斑块密度较小，但增幅显著，达一倍以上。成渝城市群不同年份的植被斑块密度差别较大，2000~2010年绿地斑块破碎度总体呈略微下降的趋势。武汉城市群植被破碎化程度基本不变，从1980年的0.35减少到2010年的0.33。

6.2.3　生物量

生物量是生物在某一特定时刻单位空间的个体数、重量或其能量。生物量是生态系统结构优劣和功能高低的最直接表现，也是生态系统质量的综合体现。2000~2010年，5个城市群（长株潭城市群无生物量数据，不参与分析）的单位面积生物量都表现出增加的趋势。但是不同城市群之间仍有非常明显的时空差异（图6-15）。珠三角城市群的单位面积生物量远远高于其他4个城市群，而京津冀城市群和长三角城市群的生物量处于5个城市群的最后两名。2000~2010年，各个城市群的生物量在前五年间的变化明显高于后五年。京津冀城市群和长三角城市群各自有其特别的变化特点，其中京津冀城市群2000~2005年的上升幅度远远大于其他4个城市群，幅度为137.87%；不同于其他城市群，长三角城市群2005~2010年单位面积生物量降低。

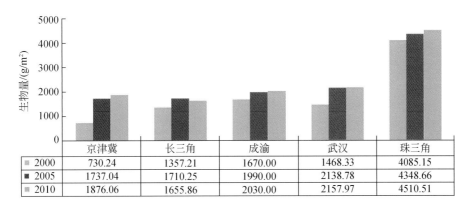

	京津冀	长三角	成渝	武汉	珠三角
2000	730.24	1357.21	1670.00	1468.33	4085.15
2005	1737.04	1710.25	1990.00	2138.78	4348.66
2010	1876.06	1655.86	2030.00	2157.97	4510.51

图6-15　6个城市群单位面积生物量

2000~2010年，京津冀城市群的生物量总体表现为增加趋势，其中2000~2005年的增加量远远大于2005~2010年的增加量。林地、草地和耕地3种用地类型的生物量同样表现为前五年显著高于后五年，主要表现为耕地生物量 NPP 在 2000~2005 年的大幅度增加（平均值由 191.55 增至 1197.77，总和由 18.05 增至 109.03）。长三角城市群生物量区别于其他城市群的是 2005~2010 年生物量均值有小幅下降。从空间上看，长三角的地域差异明显。2000~2010 年，上海单位面积生物增加最大，其次是江苏八市，最后是浙江六市。但不同时间的变化情况不同，上海是 2000~2005 年和 2005~2010 年两个时期，单位面积生物都有所增加，江苏和浙江各市是 2000~2005 年有所增加，而 2005~2010 年明显降低。珠三角城市群单位面积生物量超过 4000g/m²，是其他城市群的两倍还多。由于珠三角的地貌特点，生物量呈现由外部山区向内部平原递减的分布格局（图 6-16）。十年间，植被生物量增加主要来自森林生态系统，占生物量增量的 93%，而农田和草地生物量仅占 6.4% 和 0.6%。

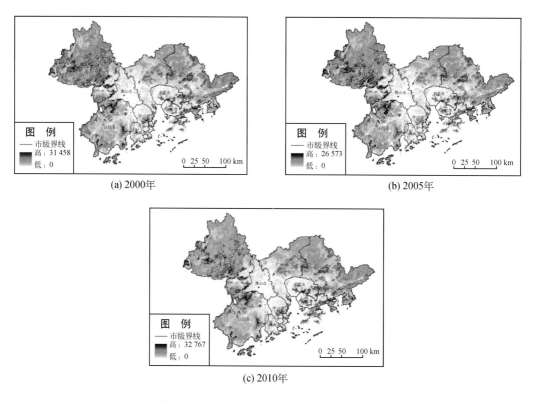

图 6-16　珠三角城市群生物量时空分布格局

6.2.4　生态质量综合评估

为全面掌握城市群的生态质量状况及不同城市群之间的差异，选择植被破碎度、植被面积比例和单位生物量 3 个指标进行标准化，并将标准化结果用来表征城市群生态质量的整体情况，最后按照各城市群的特点把五个城市群（长株潭数据缺失，未参与分析）划分为 3 类（图 6-17）：

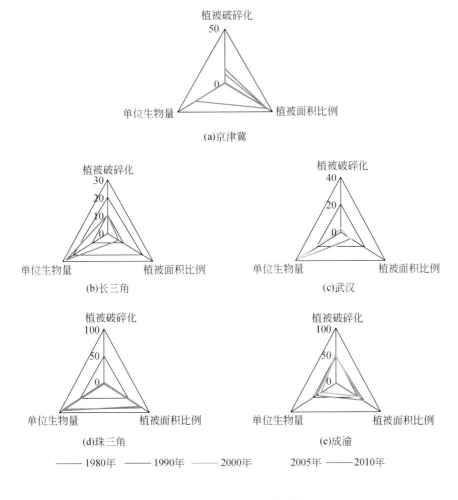

图 6-17　6 个城市群生态质量

第一类以京津冀城市群为代表。其明显的特点是 2000～2005 年，单位生物量有非常显著的增加，并且 3 个指标参差不齐。

第二类以长三角和武汉城市群为代表。这两个城市群的生物量数值远远大于其他两个指标，植被破碎化和面积比例差别不大。除此之外，单位生物量在 2000～2005 年都有明显的增加。

第三类以珠三角和成渝城市群为代表。这两个城市群生态质量较为稳定，无大幅的变化，且植被面积比例和单位生物量接近。

6.3　环　境　质　量

城市化不仅带来了工业化的快速发展，同时其也带来了大量的环境问题（王如松和韩宝龙，2013）。随着对城市环境认识的增加，以及技术进步和对环境治理投入力度的加大，2000～2010年，我国6个典型城市群的环境质量有好转的趋势，但不同环境要素的时空变化特征存在明显差异。总体上，6个城市群河流水质有不同程度的好转，但湖库水质相对较差；土壤污染普遍较为严重；空气污染严重，且区域性特征凸显，各城市群的空气质量达二级天数虽然均有所增加，但首要污染物可吸入颗粒物浓度仍然较高，可吸入颗粒物、SO_2浓度和酸雨等空气污染指标在不同城市群之间空间差异明显。

6.3.1 地表水环境

河流经过城市群区域，受到工业和生活污水的影响，同时，城市所特有的不透水地表形成了河流重要的面源污染源，通过河流水质的情况可以窥探城市群区域水体质量的一斑。城市群河流水质均有不同程度的好转，主要表现为III类水体以上的比例整体呈上升趋势。但是，湖库水质相对较差。尤其是市内湖泊，其富营养化程度有逐渐严重的趋势。重点城市水环境质量低于非重点城市。

成渝城市群的水质状况整体较好且河流断面优良率增长速度最快。2005年成渝城市群共统计河流监测断面284个，其中优良水质监测断面184个，优良率为65.85%，2010年共有统计河流监测断面216个，其中177个为优良水质，优良率达到81.94%。珠三角、武汉、长株潭城市群部分河流III类水体以上的比例虽有所提高，但整体变化不明显。珠三角城市河流水质除肇庆、江门、惠州水质保持较高比例外，其他各市的比例未有较大提升。因此，在2000～2010年，珠三角城市群的河流水环境改善不明显。2002～2010年，武汉城市群河流III类水体以上的比例除2004年升高之外，其余年份基本保持在80%，说明整个城市群近年来河流水质状况比较稳定，并且除2004年外，2010年河流III类水体以上比例达到84.09%，是2005年以来最高的。

6.3.2 空气质量

城市群区域的大气污染排放与区域的自然地理和气候条件结合，形成了区别于自然环境的、更为复杂的区域空气质量特征。全国的大多数城市的年均空气污染指数（API）为51～80，位于东南沿海、西南和青藏高原的城市具有较好的空气质量（Han et al.，2014）。城市群间差异显著，珠三角城市群空气质量最好，京津冀城市群空气质量差异最大且最差（图6-18），这与已有的研究结论一致（孙丹等，2012；陈永林等，2015）。2000～2010年，各城市群的空气质量达二级天数均有所增加。目前，在各城市群中，影响城市空气质量的主要污染物主要有可吸入颗粒物和SO_2等，其中可吸入颗粒物为各城市群的首要污染物（图6-19）。

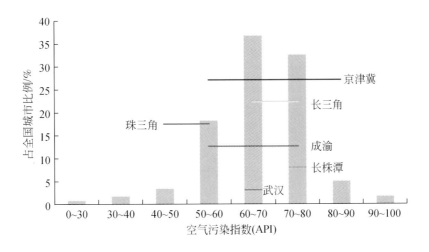

图 6-18 全国及各个城市群城市空气污染指数分布图

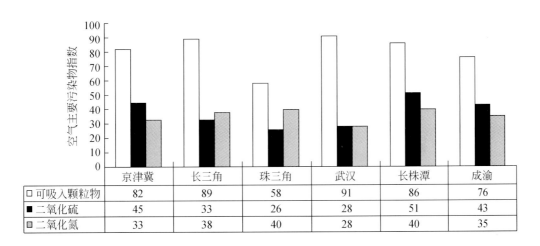

图 6-19 2010 年 6 个城市群的空气主要污染物指数

6.3.3 土壤环境

　　城市群的土壤环境以重金属污染为主。位于中西部的城市群，由于其采矿业发达，土壤的重金属污染较为严重，以镉、汞、铅等污染物为主。具体来说，长株潭、成渝、武汉等中部城市群重金属超标较为严重且浓度变化较为稳定，十年来污染状况未有明显变化，但超标污染物种类增加，污染物构成更为复杂。如长株潭城市群、武汉城市群土壤重金属还包括锌、铜、砷、铬等。

6.3.4 酸雨强度与频度

大部分城市群的酸雨程度加剧，尤其是重点城市更为严重。由于SO_2、氮氧化物排放等问题较为突出，各城市群重点城市的降雨 pH 有下降的趋势。

长三角城市群酸雨频率和程度加剧，其中上海 2000～2010 年酸雨频率增加程度最大。2000～2010 年，珠三角城市群地级市酸雨频率范围为 18.2%～88.3%。佛山和广州酸雨频率在城市群中保持较高水平，其中佛山各年酸雨频率均超过 70%，而广州在 2008 年之后酸雨频率出现明显降低。长株潭城市群的酸雨污染严重，降水酸度有加重的趋势，但频度有所降低，降水 pH 年均值为 4.2～6.1，全省城市酸雨频次为 55% 左右。其中，2010年，株洲市区降水 pH 范围为 3.99～6.13，降水 pH 年均值为 4.6，与上年度持平。成渝城市群酸雨污染形势严峻，区域内酸雨主要属于硫酸型。2000～2010 年酸雨污染形势趋于加重。2000～2005 年酸雨最严重的城市为雅安市和宜宾市，2005～2010 年最严重的城市是宜宾市。成都和重庆均属于酸雨较为严重的城市。武汉城市群中，咸宁、黄冈、武汉的酸雨发生情况较为严重，酸雨频度基本在 30% 以上；黄石、鄂州的酸雨除个别年份未检出外，酸雨频度大体处于 10% 左右；孝感、仙桃、天门、潜江在研究时段内未检出酸雨。从年均酸雨 pH 看，武汉市的酸雨强度最强，酸雨 pH 均在 5 以下，但 pH 有上升的趋势，说明武汉市酸雨的强度有所减弱；其他城市的酸雨 pH 则呈现有升有降的波动。武汉城市群城市大气中 SO_2 等污染物迁移扩散而导致的酸雨危害与污染比较严重，且随着机动车数量增加，汽车尾气导致氮氧化物急剧上升，酸雨成分由过去的硫酸盐类变为硝酸盐类。

6.3.5 环境质量综合分析

总体来看，我国 6 个城市群十年间环境质量得到显著提高，特别是地表水环境和空气质量方面。但是不同城市群仍面临着不同的城市问题。如京津冀城市群空气质量不同城市间差异很大且在 6 个城市群中最差；中西部城市群面临严重的土壤重金属问题；各大城市群酸雨程度加剧等。

城市化进程对生态环境产生较大影响，城市的规模及其产业结构都显著影响城市及其周边区域的环境质量（顾朝林和吴莉娅，2008）。以细颗粒物（$PM_{2.5}$）浓度为例，我国大多数城市的细颗粒物浓度高于世界卫生组织的空气质量健康标准，并且城市主城区细颗粒物浓度普遍高于城市周边区域，如图 6-20 所示。城市建设用地和人口规模的扩大，以及第二产业比重的上升都会导致细颗粒物浓度的升高（图 6-21）（Han et al.，2014）。

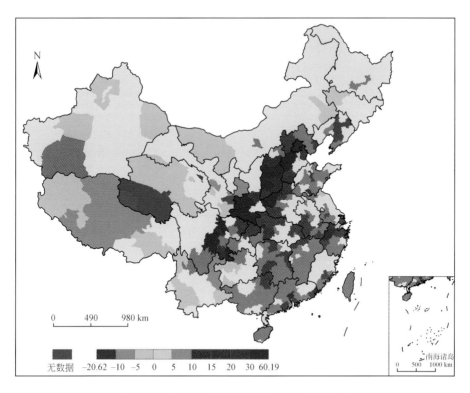

图 6-20　城市与其周边区域的 PM$_{2.5}$浓度差异

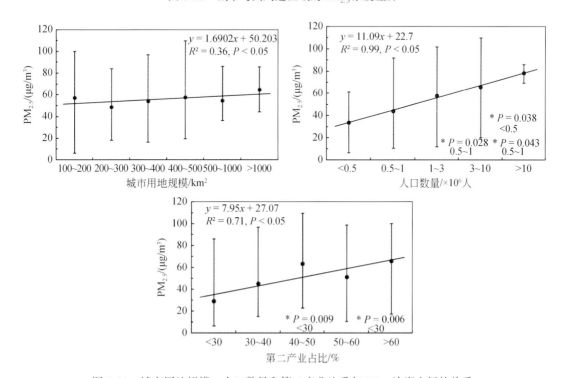

图 6-21　城市用地规模、人口数量和第二产业比重与 PM$_{2.5}$浓度之间的关系

6.4 资源环境效率

资源环境利用效率主要是在环境质量的基础上，加入社会经济因素，从而说明环境质量的社会经济特性。本节从水资源利用效率、能源利用效率和环境利用效率入手，并开展综合分析，详细地阐述了城市群资源环境效率的特征。2000 年以来，随着科技进步和对环境污染物防治的重视，我国的资源环境效率整体呈上升趋势，6 个典型城市群的资源环境利用效率皆有明显提高，但不同城市群之间的差异明显。总体上，东部沿海城市群由于城市发展基础和科技创新条件较好，其资源环境利用效率明显高于中西部城市群，而每个城市群内部不同城市间的差异也较大。

6.4.1 水资源利用效率

各城市群水资源利用效率均有大幅度提升。从区域差异看，成渝城市群和京津冀城市群的单位 GDP 水耗的提升是最明显的（图 6-22）。并且，存在重点城市的水资源利用效率都高于该城市群的非重点城市的规律。

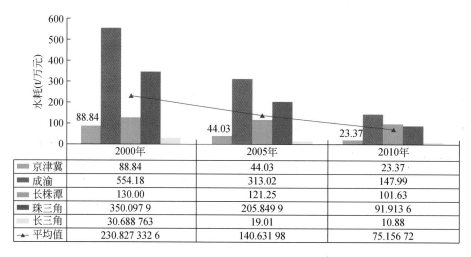

	2000年	2005年	2010年
京津冀	88.84	44.03	23.37
成渝	554.18	313.02	147.99
长株潭	130.00	121.25	101.63
珠三角	350.097 9	205.849 9	91.913 6
长三角	30.688 763	19.01	10.88
平均值	230.827 332 6	140.631 98	75.156 72

图 6-22 各城市群单位 GDP 水耗变化图

京津冀城市群单位 GDP 水资源利用效率整体上呈现上升的趋势（图6-23），其中2000～2005 年单位 GDP 用水量的下降速度大于 2005～2010 年。从均值来看，天津、廊坊、衡水等市的水资源利用效率均高于城市群平均值和非重点城市的平均值。成渝城市群单位 GDP 用水量下降趋势最为明显，10 年间由 554t/万元下降到 148t/万元。成渝城市群 2000 年水资源利用效率最低的城市是眉山市，单位 GDP 用水量 1237.2t/万元，效率最高的是成都市，为313.3t/万元。重庆水资源利用效率为 355.0t/万元，在所有城市中利用效率处于较高水平。2010 年各市水资源利用效率均有大幅度提升，泸州市 2010 年效率最高，为 91.8t/万元，而眉山市尽管效率提高明显，但单位 GDP 用水量仍居城市群最高，为 272.52t/万元。

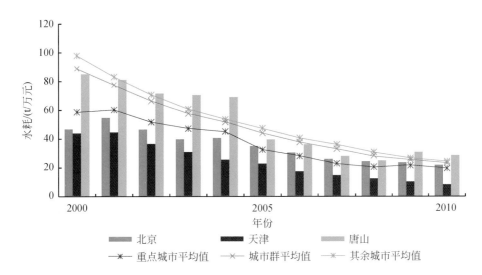

图 6-23　京津冀城市群重点城市与非重点城市单位 GDP 水耗对比图

其余城市群中，珠三角广州市单位 GDP 消耗的水量除 2001 年高于 2000 年外，在 2001~2010 年逐年单调递减。2001~2010 年，长株潭城市群单位 GDP 水耗呈现急剧下降趋势，尤其是湘潭市下降更快，在 2001 年是长沙市的两三倍，到 2010 年已经下降至接近长沙市的水平。2000~2010 年，长三角城市群水资源利用效率明显提高，其中南京提高幅度最大，单位 GDP 供水总量从 2000 年 126t/万元降低到 2010 年的 29t/万元，其次是上海。对武汉城市群来说，2001~2006 年 GDP 年增长率为 10.7%，水资源生产率每年提高 12.1%，水资源生产率已超过 GDP 的增长率。如果保持此趋势，水的总消耗量将会随着 GDP 的增长而下降。

6.4.2　能源利用效率

各城市群的万元 GDP 能耗都呈现出下降的趋势（图 6-24），即单位 GDP、单位工业产值耗能不断降低。城市群（除长三角城市群外，其指标是单位 GDP 耗电量）单位 GDP 能耗从 2005 年的 1.54tce/万元降低到 2010 年的 1.26tce/万元，降低了约 18%。珠三角城市群能源利用效率最高，单位 GDP 能耗低于所有城市群的平均水平。

京津冀地区各市的万元 GDP 能耗都呈现出下降的趋势，唐山的万元 GDP 能耗在京津冀地区各市中一直是最高的。成渝城市群各地市中，成都市能源利用效率最高，达州市效率最低，除广安市外，所有城市单位 GDP 能耗均有不同程度的下降，说明成渝城市群总体 2010 年能源利用效率高于 2005 年，其中成都市提升幅度最为明显。武汉城市群单位 GDP 的能耗呈下降趋势，反映出武汉城市群能源利用强度不断增加。长株潭城市群能源利用效率不断提高，2005~2010 年提高幅度比 2000~2005 年大，说明"十一五"期间节能减排力度增大，单位 GDP 能耗水平降低。2005~2010 年，长三角城市群的能源利用效率

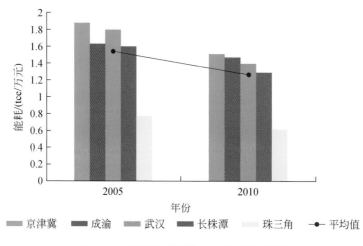

图 6-24 各城市群单位 GDP 能耗变化图

也有明显提高（图 6-25），其中，常州和南京提高幅度最大，2010 年较 2005 年，单位 GDP 用电总量减少 200 万 kW·h/亿元。

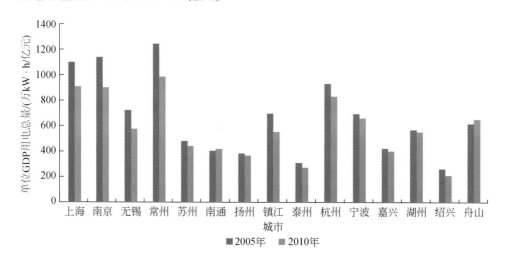

图 6-25 2005～2010 年长三角城市能源利用变化特征

6.4.3 环境利用效率

为了说明更好地说明城市群的环境效率，我们选取了单位 GDP SO_2 和 COD 排放量来说明城市群区域的环境效率。结果显示 6 个城市群中位于东部城市群的环境利用效率高于中西部城市群（图 6-26，图 6-27）。2000～2010 年，6 个城市群的单位 GDP 污染物排放量总体呈下降趋势，环境利用效率逐步提高。其中，长株潭城市群单位 GDP 的 SO_2 及 COD 排放量降低速度最慢。成渝城市群单位 GDP 的 SO_2 排放量降低速度最快，但单位 GDP 的

COD 排放量有降低趋势。

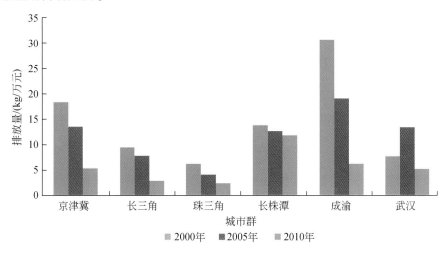

图 6-26　2000～2010 年 6 个城市群单位土地面积 SO$_2$ 排放量

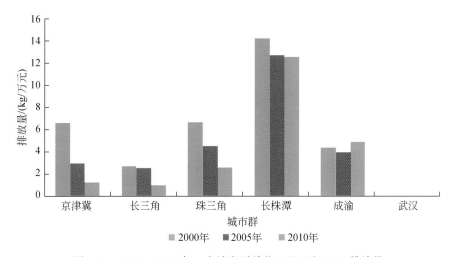

图 6-27　2000～2010 年 6 个城市群单位土地面积 COD 排放量

京津冀城市群重点城市的单位 GDP 的 SO$_2$ 排放量低于非重点城市，但是长三角、成渝城市群的非重点城市资源环境利用效率高于重点城市。珠三角城市群中重点城市同非重点城市年均单位 GDP 的 SO$_2$ 排放量相当，但变化趋势不同。武汉城市群中，只有武汉市单位 GDP 的 SO$_2$ 排放量呈逐年降低的趋势，其他城市均呈现先增长后降低的趋势。

京津冀城市群重点城市的单位 GDP 的 COD 排放量总体高于非重点城市，与之相反，珠三角城市群中非重点城市的单位 GDP 的 COD 排放量总体高于重点城市，与珠三角类似，成渝城市群单位 GDP 的 COD 排放量最大的城市为眉山市，2000～2010 年眉山市一直在成渝城市群中为最高水平，而重点城市成都市和重庆市在成渝城市群中单位 GDP 的 COD 排放量处于较低水平。

6.4.4 资源环境效率的综合评估

2000~2010年，6个城市群的资源利用效率总体提高（图6-28），其中，长株潭城市群提高最快。除武汉城市群无数据外，各城市群的水资源利用效率都较高，在2010年均达到90%以上，其中，长株潭城市群达到99.7%，长三角城市群相对稍低，为91.5%。然而，除长三角城市群无数据外，各城市群的能源利用效率均相对较低。2010年，长株潭城市群的能源利用效率为最高，但也只有88.3%；京津冀城市群最低，为75.3%。2000~2010年，长株潭和珠三角城市群能源利用效率增长速率为40%左右，快于其他城市群，京津冀、武汉城市群最慢，增速不到20%。长三角、珠三角和长株潭城市群的污染物排放效率较高，到2010年均达到90%以上。成渝城市群的工业SO$_2$排放效率高于工业COD排放效率，而京津冀城市群工业COD排放效率高于工业SO$_2$排放效率，并且两个城市群污染物排放效率越高，其增长速度越快。

城市化水平与资源环境效率密切相关，城市的人口规模，及城市发展模式都能对城市资源环境效率产生显著影响。城市人口的增长、空间的扩张意味着城市对生态环境资源需求的增长，不可避免地带来对自然资源的占有和损耗，同时对环境中排放的各种废物也会

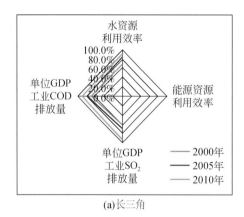

(a)长三角

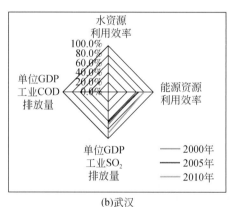

(b)武汉

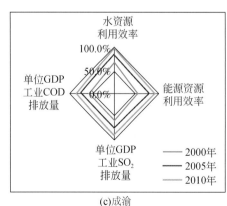

(c)成渝

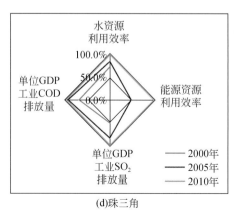

(d)珠三角

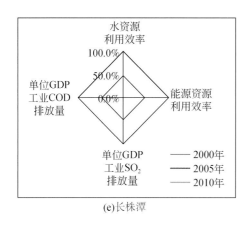
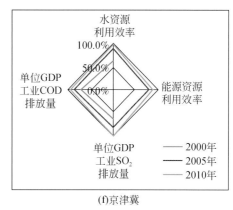

图 6-28　6 个城市群 2000～2010 年资源利用效率

增多，然而，在大型城市的城市化模式从粗放型向集约型转变的过程中，由于环境资源配置的优化，资源环境利用效率会逐渐提高（李双成等，2009）。以京津冀城市群重点城市的单位 GDP 水耗和能耗为例（图 6-29），随着 GDP 的增长，单位 GDP 的水耗和能耗逐渐降低，表明区域内资源环境利用效率有了显著提高。

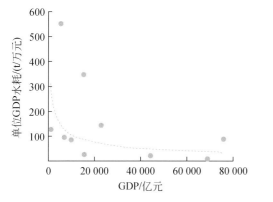
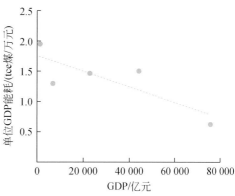

图 6-29　2000 年和 2010 年经济规模与单位 GDP 水耗能耗之间的关系

6.5　生态环境胁迫

2000 年以来，6 个城市群的社会–经济活动强度都呈增强趋势，但不同城市群的差异较大，东部沿海的 3 个城市群的社会–经济胁迫强度明显高于中西部城市群。其次，6 个城市群的水资源利用强度都明显超过区域可利用水资源总量，能源利用强度也呈明显增加趋势；6 个城市群对环境质量的胁迫影响较为复杂，跟不同区域生态环境本底特征和城市基础密切相关，整体上，较中西部城市群，东部沿海城市群对环境质量的胁迫影响有所降低，但城市群内部不同城市间的差异很大。

6.5.1 人口密度

城市群人口密度呈增长的趋势，但增幅差异显著（图6-30）。6个城市群的平均人口密度从2000年到2010年增长了107人/km²，约增长了10%。京津冀城市群的人口密度最高，珠三角城市群位居第二，这两个城市群十年间每平方千米人口数分别增长107人和473人，占比分别增长4.04%和34.6%。珠三角是涨幅最大的城市群，而成渝城市群的人口密度呈现微弱的减小趋势，平均每平方千米减少了12人，下降了约2.24%。

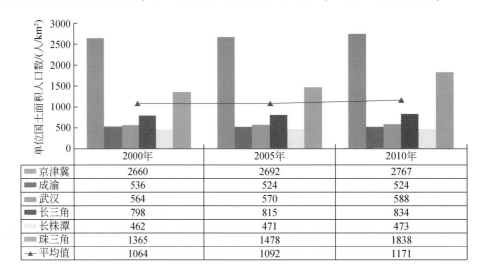

	2000年	2005年	2010年
京津冀	2660	2692	2767
成渝	536	524	524
武汉	564	570	588
长三角	798	815	834
长株潭	462	471	473
珠三角	1365	1478	1838
平均值	1064	1092	1171

图6-30　各城市群单位土地面积人口数

京津冀城市群的人口密度呈现出上升的趋势，十年间每平方千米增长了107人，北京、邯郸和天津的增长趋势最为明显。长三角城市群各城市的人口密度同样呈增加趋势，上海人口密度增加最快，6个重点城市的人口密度明显大于9个非重点城市，而且增长的幅度也高于非重点城市。珠三角城市群人口密度增长，且增长速度呈上升趋势。长株潭城市群除个别县的人口密度在2000年、2005年、2010年呈现增长趋势，大部分县呈现下降趋势。武汉城市群的人口密度，除天门市2010年比2009年人口密度降低外，其余各城市呈现逐年上升的趋势。

成渝城市群十年间人口密度总体略下降，减少了12人/km²，其中成都市人口密度最大，雅安市人口密度最小。各城市人口密度变化各具特点，成都市和自贡市人口密度明显增大，重庆市人口密度是先减后增，总体略有上升。其他非重点城市均呈下降趋势。

6.5.2 水资源开发强度

各城市群水资源开发强度的差异较大。在数据较完整的京津冀、成渝和珠三角三个城市群，可以很明显地看出北方城市群的代表京津冀城市群，其国民经济用水量达到可利用水资源总量的 2 倍多，而南方城市群（成渝和珠三角城市群）只有 20% ~ 80%（图 6-31）。2000 ~ 2010 年，3 个城市群的水资源开发强度还各具特点，京津冀呈现出不断下降的趋势，成渝城市群先下降后反弹上升，珠三角城市群先上升后微弱下降。

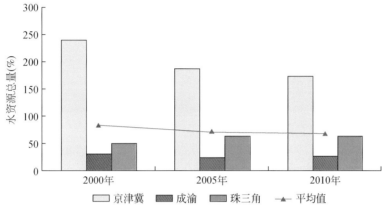

图 6-31 各城市群水资源开发强度变化图

京津冀城市群的水资源开发程度很高，但呈下降趋势，在城市群内部的各个城市差异显著，其中衡水在城市群中的水资源使用率最高，远远超出其他城市（图 6-32）。2002 年衡水市的用水量是水资源总量的 9.69 倍，达到十年间的最高值。除了承德和张家口的水资源总量能基本满足本市的用水量外，其他城市的用水总量均高于水资源总量，大部分处在 100% ~ 300% 的水平。

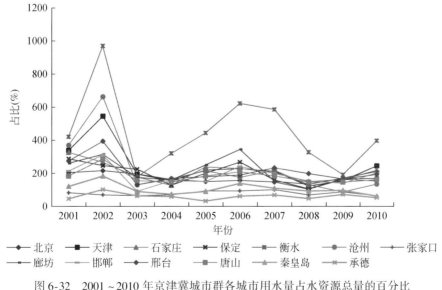

图 6-32 2001 ~ 2010 年京津冀城市群各城市用水量占水资源总量的百分比

2000 ~ 2010 年，珠三角城市群总用水量占区域内常年水资源总量的 38.97% ~

45.10%。近十年间，水资源开发强度变化较小。2000～2004年，珠三角城市群水资源开发强度逐年提高，2004～2010年，水资源开发强度呈波动下降。

2000～2010年，成渝城市群大部分城市的水资源开发强度发生较大的变化。其中，德阳市、成都市、遂宁市和眉山市的开发强度都有明显的下降。重庆市水资源开发强度则属于上升趋势；其余城市呈先下降，后上升的趋势。成都市和德阳市在所有水资源开发强度下降的城市中下降幅度最大，成都市十年间降低了6.6%，德阳市降低了23%。重庆市的开发强度则是持续上升，2010年的开发强度为2000年的2倍。

6.5.3　能源利用强度

各城市群的单位土地面积能源消耗总量都呈现出上升的趋势。5个城市群（长三角除外）的单位土地面积能源消费量平均值从2000年为1879.34tce/km² 增加到2010年3198.70tce/km²，平均每km² 增加1319.36tce，增长比例约为70.20%（图6-33）。珠三角城市群的单位土地面积能源消耗总量要远高于其他城市群，成渝城市群最低。到2010年，珠三角城市群的单位土地面积能源消耗总量约是成渝城市群的5.4倍。但从增长速度看，增长最快的是长株潭城市群，10年约增长了109.15%，其次是成渝城市群（108.25%），增长最慢的是京津冀城市群，10年约增长了52.83%。

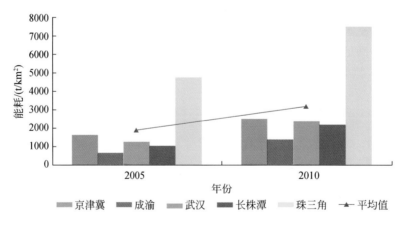

图6-33　各城市群单位土地面积能耗变化图

2005～2010年，京津冀城市群各城市的单位土地面积能源消耗总量都呈现出上升的趋势，京津冀城市群单位土地面积能源消耗总量的平均值从2005年的1641.80tce/km²，上升到2010年的2509.18tce/km²，平均每年上升10.57%。

2005～2010年，长三角城市群15个城市能源利用强度明显增加，15个城市平均的单位土地面积用电量从2005年的237万kW·h/km² 增加到2010年的367万kW·h/km²（图6-34）。从空间分异上看，2005～2010年，上海的单位土地面积用电量远高于其他城市，其次，江苏八市平均单位土地面积用电量明显高于浙江六市。6个重点城市的能源利用强度明显高于同时期的9个非重点城市。

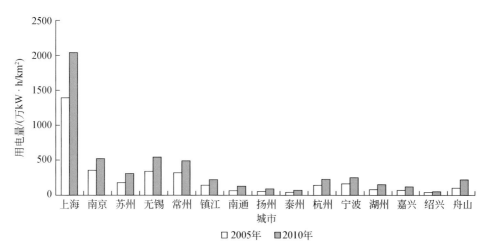

图 6-34 2000～2010 年长三角城市群单位土地面积用电量

2005 年和 2010 年，珠三角城市群的能源利用强度分别为 2574.49tce/km² 和 4055.06tce/km²，相比 2005 年，2010 年珠三角城市群能源利用强度增长 57.51%（图 6-35）。从空间分异来看，2005 年，能源利用强度最高的是深圳市，其次是佛山市，到了 2010 年，深圳市的能源利用强度依旧遥遥领先，而东莞的能源利用强度超过了佛山，位居第二，其次是广州和佛山；江门、肇庆和惠州的能源利用强度一直较小。综合来看，重点城市能源利用强度要远远高于非重点城市，2005 年与 2010 年重点城市广州、深圳、东莞与佛山四市平均能源利用强度分别为 8634.91tce/km² 和 13 496.04tce/km²，同期非重点城市均值仅为 1655.33tce/km² 和 2695.48tce/km²，分别为重点城市的 19.17% 和 19.97%。从变化率来看，非重点城市则要高于重点城市，表明非重点城市能源需求增长速度要高于重点城市。

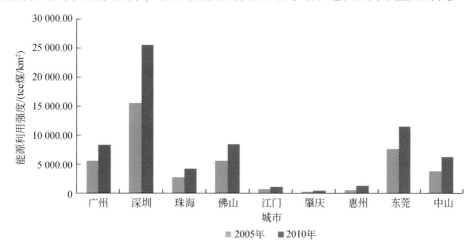

图 6-35 2005 年、2010 年珠三角各市能源利用强度

2000～2010 年，长株潭城市群各地级市能源利用强度有较大幅度的增加，能源利用系数的增长速度与各市的社会经济发展速度，特别是 GDP 和工业增长值基本一致。成渝城

市群 2010 年能源利用强度与 2005 年相比大幅提升，由 2005 年的 629.87t 增加到 1303.71t，增长 107%。各地市中，广安市增长最快，五年间增长接近 4 倍，由 396.02t 快速增加到 1820.65t。增长最慢的是绵阳市，从 2005 年的 417.01t 增加到 663.41t，增长 59%。武汉城市群各城市单位土地面积能耗量基本呈上升趋势，也从一个侧面反映出武汉城市群能源利用强度不断增加。武汉市单位土地面积能耗量在城市群中是最高的，黄冈、咸宁是最低的。

6.5.4 经济活动强度

城市群的单位土地面积 GDP 均呈现增长的趋势（图6-36）。6 个城市群的平均单位土地面积 GDP 从 2000 年的 1032.92 万元/km² 增长到了 2010 年的 3618.40 万元/km²，10 年间增长了 2585.48 万元/km²，约增长了 2.5 倍。其中珠三角城市群的单位土地面积 GDP 遥遥领先于其他 5 个城市群。从 10 年的增长速度看，增长最快的是珠三角城市群，增长了 10 477.57 万元/km²，约 355.49%。其次是武汉和成渝城市群，分别增长 329.04% 和 328.55%。增长最慢的是长株潭城市群，增长了 61.92%。

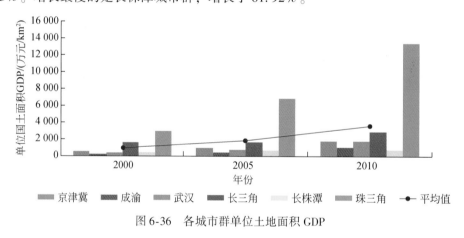

图 6-36　各城市群单位土地面积 GDP

从整体的平均值上看，京津冀城市群的单位土地面积 GDP 呈现增长的趋势，京津冀城市群的单位土地面积 GDP 从 2000 年的 533.57 万元/km² 上升到了 2010 年的 1796.18 万元/km²，增长了 21.51%。2010 年，天津的单位土地面积 GDP 约是平均值的 3.15 倍，是承德的 6.24 倍。从增长趋势看，天津和承德的上升趋势最为明显，分别增长了 28.35% 和 23.56%。长三角城市群 15 个城市单位土地面积 GPD 都有明显增加。后五年（2005～2010 年）比前五年（2000～2005 年）增加幅度大，2000～2010 年，上海的单位土地面积 GDP 远高于其他城市。

2000～2010 年，珠三角城市群各市的经济活动强度呈逐年上升趋势，但是各城市间的强度变化差异较大（图6-37）。深圳单位土地面积 GDP 一直位列第一，2000 年时为 10 000 万元/km² 左右，到 2010 年为 50 000 万元/km² 左右，增加了 4 倍，远远领先于其他城市。除深圳外，佛山、东莞和广州的经济活动强度位居城市群前列。相比较而言，肇庆和惠州的城市经济活动强度较小，低于珠三角城市群整体经济活动强度，而江门市的城市经济活动强度是在珠三角城市群当中最低的，增长的幅度不足 13%。珠三角城市群经济活动强度较高的主要集中在珠三角的中心区域，即重点城市区域，而外围区域非重点城市经济活动强度较低。长株潭城市群中，长沙市、株洲市和湘潭市行政区面积没有调整，因此经济密度与 GDP 呈现相同的上升趋势。长沙市的经济密度十年间增长了 7 倍。成渝城市群 2000 年单位土地面积 GDP 产值为 327.4 万元/km²，2005 年为 531.5 万元/km²，2010 年为 1150.7 万元/km²。从各市来看，成都市十年间一直排名最高，2010 年为 4480.5 万元/km²，是平均水平的 3.89 倍。其他较高的城市有自贡市、德阳市、内江市和重庆市。成渝城市群 2000~2010 年单位土地面积 GDP 呈不断增加趋势，且后五年平均增长速度快于前五年。成都市经济活动强度排名最高，2000~2010 年一直位于成渝城市群所有城市的首位，且遥遥领先于中其他城市，雅安市经济活动强度 2000~2010 年一直位于成渝城市群最后一位。从各个城市涨幅看，重庆市涨幅最大，排名第二的是乐山市。成都市的涨幅属于成渝城市群中游水平。武汉城市群中，武汉市经济活动强度明显大于城市群中其他城市，黄冈、咸宁市单位土地面积 GDP 最低；2000~2010 年，武汉城市群中各城市均呈现总体增长的趋势，说明武汉城市群的生产能力不断提高，为经济发展起到推动和促进作用。

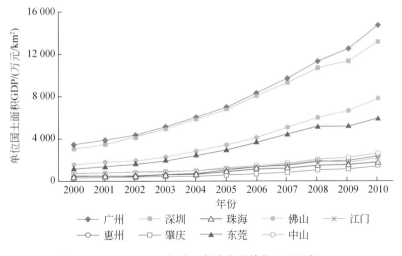

图 6-37　2000~2010 年珠三角城市群单位土地面积 GDP

6.5.5　大气污染

各城市群的大气污染排放强度差异较大，东部发达城市群的单位土地面积 SO_2 高于中西部城市群。

2000~2010 年，京津冀城市群的单位土地面积 SO_2、烟粉尘排放量均呈下降趋势（图 6-38，图 6-39）。然而，长株潭城市群单位土地面积 SO_2 及烟粉尘排放量均有上升的趋势。各城市群中，珠三角城市群的单位土地面积 SO_2 最高。在 2000~2005 年，长三角、珠三角及成渝城市群的单位土地面积 SO_2 有上升的趋势，而 2005~2010 年均有大幅的下降。烟粉尘排放强度除长株潭城市群有上升外，其余城市群均表现为下降趋势，但珠三角在 2005~2010 年有上升的趋势。

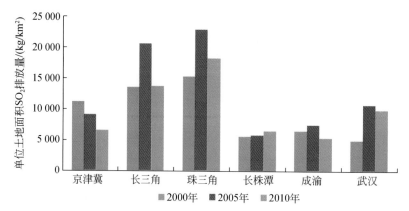

图 6-38　2000~2010 年 6 个城市群单位土地面积 SO_2 排放量

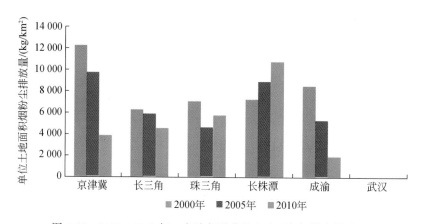

图 6-39　2000~2010 年 6 个城市群单位土地面积烟粉尘排放量

　　京津冀、长三角、珠三角城市群重点城市单位土地面积 SO_2 高于非重点城市。京津冀城市群中，重点城市唐山、天津的单位土地面积 SO_2 较高，非重点城市，如保定、张家口、承德及沧州等单位土地面积 SO_2 远低于唐山、天津等重点城市。2000~2010 年，长三角城市群的重点城市的单位土地面积 SO_2 排放量均高于非重点城市，但不同时间变化规律不同（图 6-40）。2000~2005 年，重点和非重点城市的单位土地面积 SO_2 排放量都是明显增加的，而 2005~2010 年，其单位土地面积 SO_2 排放量明显降低。珠三角城市群各市的单位土地面积 SO_2 的排放量的变化差异较大。如广州一直呈现下降趋势，惠州、江门和肇庆则呈现先下降后上升趋势，中山一直呈现上升趋势。重点城市平均排放量为 38.77t/km²，而同期非重点城市平均排放量仅为 10.2t/km²，两者相差将近 20t/km²，不过二者差距随着年份的增加逐渐减小，到 2010 年二者差距不足 12t/km²。城市之间相比，东莞市的单位土地面积 SO_2 的排放量在十年间是珠三角城市群当中最高的，其次，是佛山市，2000 年和 2010 年的单位土地面积 SO_2 的排放量是 30t/km² 左右，2005 年最高，达到 40t/km²。惠州市、江门市、肇庆市三市的单位土地面积 SO_2 的排放量在珠三角城市群当中处于最低的层次。而长株潭城市群重点城市单位土地面积 SO_2 低于其他非重点城市。长株潭城市群的单位土地面积 SO_2 的排放量表明，长沙市要低于株洲市和湘潭市。成渝、武汉城市群的单位土地面积 SO_2 排放量均处于中游水平。

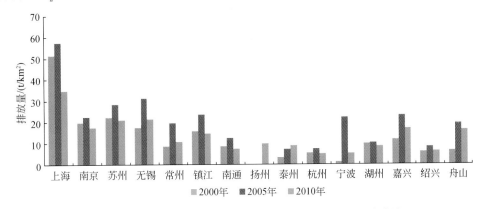

图 6-40　2000～2010 年长三角城市群单位土地面积 SO_2 排放量

京津冀、长三角、珠三角城市群的单位土地面积烟粉尘排放量均为重点城市高于非重点城市。京津冀城市群单位土地面积烟粉尘排放量以唐山为最高，保定、张家口、承德、沧州等地区的单位土地面积烟粉尘排放量相对较少，均低于 $2t/km^2$。石家庄的单位土地面积工业烟粉尘排放量依然下降明显，从 2000 年的 $1.75t/km^2$ 下降到 $2.93t/km^2$。长三角城市群"重点城市"和"非重点城市"单位土地面积烟尘排放量明显不同。2000～2010 年，重点城市的单位土地面积烟尘排放量均高于非重点城市。如上海市单位土地面积烟尘排放量明显高于其他城市。另外，在 2000～2005 年，重点城市单位土地面积烟尘排放量是增加的，而非重点城市单位土地面积烟尘排放量是减少的，而 2005～2010 年，重点和非重点城市的单位土地面积烟尘排放量都是减少的。珠三角城市群的重点城市同比非重点城市单位土地面积烟尘排放量要高，如 2000 年 4 个重点城市排放量为 $5.67t/km^2$，而非重点城市则仅为 $1.4t/km^2$，2010 年重点城市与非重点城市烟尘排放量分别为 $5.67t/km^2$ 和 $4.71t/km^2$。长株潭及成渝的重点城市单位土地面积烟尘排放量基本处于城市群的中上游水平，如重庆市从 2000 年的全城市群排名第二降到 2010 年的中游水平，但 2010 年成都市的单位土地面积烟尘排放量仍高于成渝城市群平均值。

6.5.6　水污染

水污染排放强度与大气污染排放强度类似，也呈现区域差异大的特点（图 6-41）。珠三角城市群的水污染排放强度为最高，2000～2010 年其单位土地面积 COD 排放量平均为 14 233kg/km²，且与长株潭、成渝城市群类似，其排放强度均有上升的趋势。京津冀、长三角城市群的单位土地面积 COD 排放量有下降的趋势，但是在 2000～2005 年，长三角城市群有上升的过程。

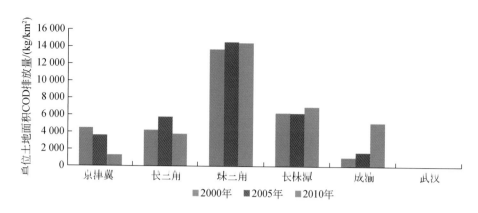

图 6-41　2000～2010 年 6 个城市群单位土地面积 COD 排放量

　　京津冀、长三角、珠三角及成渝城市群的单位土地面积 COD 排放量均为重点城市高于非重点城市（图 6-42）。京津冀城市群中，天津的单位土地面积 COD 排放量为区域内最高，在 2005 年时达到 19 288kg/km²。其次为北京、石家庄、唐山，而其他城市的单位土地面积 COD 排放量相对较低。2000～2010 年，长三角城市群重点城市的单位土地面积工业 COD 排放量均高于非重点城市，不同时期的变化规律一致，都是先增加（2000～2005 年）后降低（2005～2010 年）。其中，上海单位土地面积工业 COD 排放量持续下降。2000～2010 年，珠三角城市群的重点城市深圳市和东莞市单位土地面积 COD 排放量均高于其他地区，而非重点城市江门市和肇庆市的单位土地面积 COD 排放量一直处于珠三角较低水平。不过除佛山外，重点城市中其余三市十年间则呈现下降趋势。非重点城市中，江门呈现下降趋势，其余城市则先下降后上升。成渝城市群 2000～2010 年单位土地面积 COD 排放量最高的城市均是成都市，重庆市 2010 年则略低于城市群平均水平。单位土地面积 COD 排放量较少的城市有自贡市和雅安市。明显持续上升的城市有眉山市、宜宾市、广安市、南充市和乐山市。长株潭城市群的重点城市单位土地面积 COD 排放量低于非重点城市。其中，湘潭市的单位土地面积 COD 排放量较高，2010 年与 2000 年相比，下降趋势比较明显。

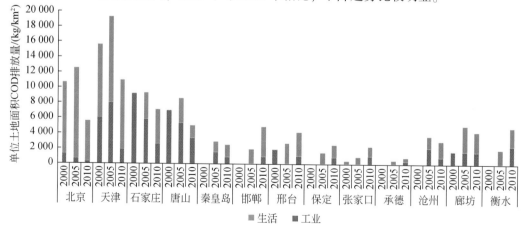

图 6-42　2000～2010 年京津冀城市群单位土地面积 COD 排放量

6.5.7 热岛效应

我国 6 个典型城市群都存在热岛效应问题，热岛强度及变化趋势在不同城市群之间存在显著差异。京津冀、长三角、武汉和长株潭城市群的热岛强度最大，这四个城市群的平均城-乡地表温度差值在 3℃ 以上，珠三角和成渝城市群的平均城-乡地表温度差值低于 3℃。而从变化趋势看，2000～2010 年，长三角、京津冀和成渝城市群的热岛效应强度在降低，说明城-乡地表温度差异在缩小，揭示出区域热岛效应问题增强。珠三角、武汉和长株潭城市群的热岛效应强度增加。

2000～2010 年，京津冀城市群各城市的热岛强度差异和变化趋势均差异较大（图 6-43），其中，北京市的热岛效应在整个城市群中一直处于较高的强度水平，且十年间先小幅降低后又小幅升高，表现出较为稳定的热岛强度水平，而天津市的热岛强度先大幅增加，2005 年热岛强度达到最大。张家口和保定的热岛强度一直呈下降趋势，秦皇岛、唐山和邢台则先增加后减少，但 2010 年的热岛强度高于 2000 年的特征，承德、沧州和廊坊则表现为热岛强度先降低后增加，承德和沧州 2005～2010 年的降幅大于 2000～2005 年的增幅，而廊坊 2005～2010 年的降幅小于 2000～2005 年的增幅。总体来看，京津冀城市群在 2000～2010 年的热岛强度呈降低趋势。

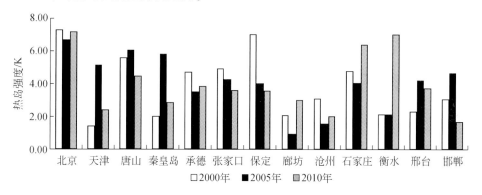

图 6-43 2000～2010 年京津冀城市群热岛效应强度变化特征

2000～2010 年，长三角城市群的平均热岛强度是降低的（图 6-44）。其中，2000～2005 年，长三角 15 个城市的平均热岛强度削弱的程度大于 2005～2010 年，揭示了长三角区域人类活动范围不断扩大，"市-郊" 的地表覆盖格局和人类活动的差异在变小，进而缩小了 "市-郊" 地表温度的差异，城市群对区域地表热环境的影响越来越大。2000～2010 年，相同时期上海的热岛强度最高，其次是浙江六市，江苏八市相对最弱。此外，6 个重点城市的平均热岛强度显著高于 9 个非重点城市。

成渝城市群各市建成区热岛效应较为明显（图 6-45）。成都市的热岛强度最大，重庆市的热岛效应强度仅次于成都市。热岛效应较弱的城市有自贡市、宜宾市、内江市和泸州市。从十年变化程度来看，成都市热岛效应强度呈持续减弱趋势，2010 年建成区与 5km 缓冲区平均温度的差值比 2000 年减少 0.6℃，降幅十分明显，但始终排在成渝热岛效应强

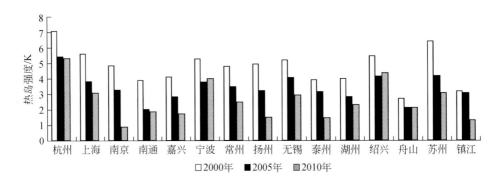

图 6-44　2000~2010 年长三角城市群热岛效应强度变化特征

度的首位。重庆市在 2000~2005 年略有减弱，在 2005~2010 年又有所增强，总体变化不大，一直维持在成渝城市群较高水平。

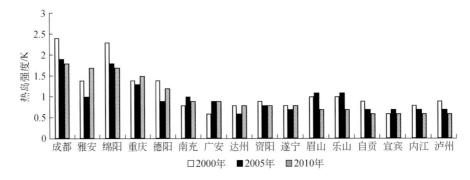

图 6-45　2000~2010 年成渝城市群热岛效应强度变化特征

珠三角城市群及各市的热岛强度在 2000~2010 年有较大增加（图 6-46），各市热岛最大值均在 2000~2010 年出现，大部分在 2008 年、2009 年出现，表明城市热岛强度近年未有缓解。重点城市热岛最大值高于非重点城市，非重点城市中珠海、中山热岛强度最大，分别为 1.18℃和 1.33℃，这与环珠江口城市为珠三角热力核心的格局相符。

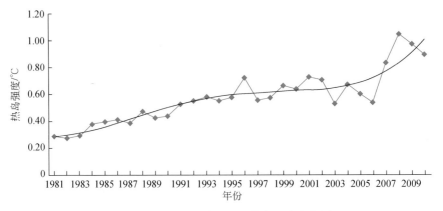

图 6-46　珠三角城市群历史热岛强度变化图

长株潭城市群建成区和长株潭全区的温差在 2010 年最大，差值与地区平均温度的百分比值超过 1%，说明整个长株潭城市群在 2010 年热岛效应的强度最大。夏季，长沙、株洲和湘潭 3 个市的市区和郊区温度在 2002～2010 年呈现波动趋势，均是 2005 年最高，在 2005 年有较显著的下降。市区和郊区二者之间的平均温度差值在 3 个市表现不同，长沙市在 2005 年最大，株洲市和湘潭市在 2010 年最大，说明长沙市 2005 年的热岛强度最大，而株洲市和湘潭市在 2010 年最大。

6.5.8 生态环境胁迫综合评估

各城市群生态环境胁迫的主导因素差异显著：由于各个城市群的数据差异各具特点，从而导致各个城市群的玫瑰图（图 6-47）中心的偏移也各具特点，其中向人口密度偏移明显的是长三角城市群，向水资源开发强度偏移明显的是成渝和京津冀城市群，向能源利用强度偏移明显的是成渝、长株潭、珠三角和京津冀城市群，向工业 SO_2、工业 COD 偏移明显的是成渝、珠三角和长三角城市群，向生活 SO_2、生活 COD 偏移明显的是京津冀城市群，向工业烟尘、粉尘偏移明显的是成渝城市群，向经济活动强度偏移明显的是珠三角和长三角城市群，向热岛强度偏移明显的是京津冀、长株潭和武汉城市群。

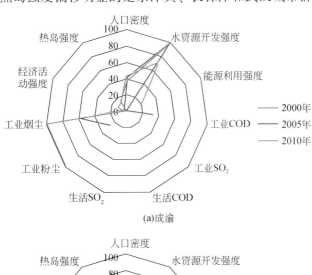

(a)成渝

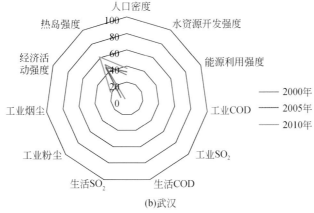

(b)武汉

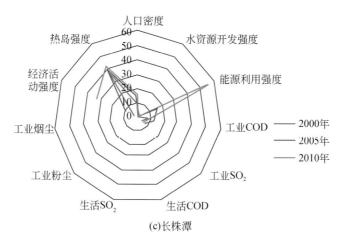

(c)长株潭

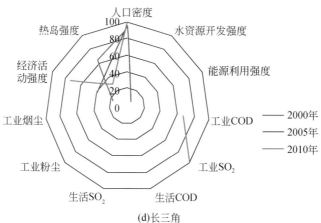

(d)长三角

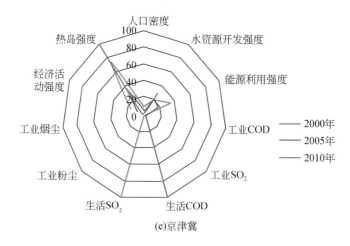

(e)京津冀

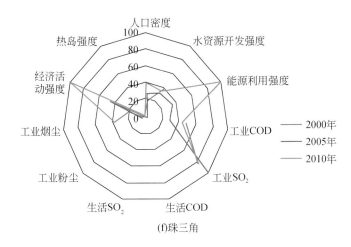

图 6-47　6 个城市群 2000~2010 年生态环境胁迫

　　各城市群的玫瑰图都有从在某一指标方向偏离中心变为各个指标均衡发展的趋势：即突出的指标有所收缩，较低的指标有所增长，整体上更加均衡。其中人口密度、经济强度和生活 SO_2 这三个指标呈现出较明显的增长趋势。

　　城市化水平与生态环境胁迫相关密切，城市的人口规模，及城市发展模式都能对城市生态环境胁迫产生显著影响。以京津冀城市群重点城市的 SO_2、COD 及烟粉尘排放量为例，随着人口的增加和 GDP 的增长，各污染物的排放量逐渐降低（图 6-48）。

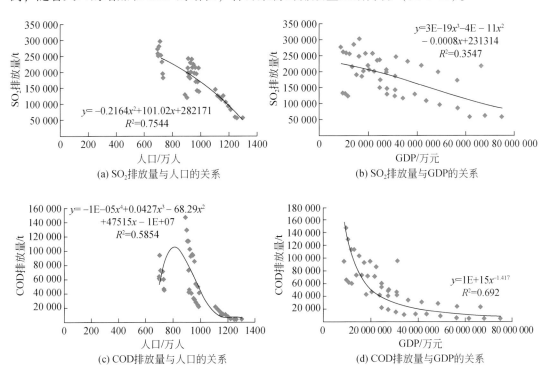

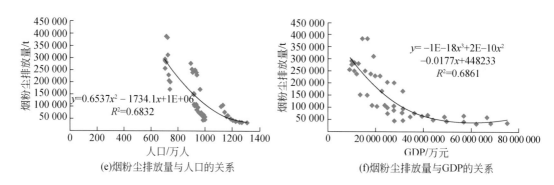

(e)烟粉尘排放量与人口的关系

(f)烟粉尘排放量与GDP的关系

图 6-48　京津冀城市群 SO_2、COD 及烟粉尘排放量与人口和 GDP 的关系

第7章 重点城市城市化过程及其生态环境效应

人类聚集并进行各种社会、经济活动,影响城市生态系统的能量及物质代谢,进而对资源与环境产生重要的影响。本章从城市化水平、城市景观格局变化、生态质量、环境质量、资源环境效率和生态环境胁迫等六个方面对 17 个重点城市(北京、天津、唐山、上海、苏州、无锡、常州、杭州、南京、广州、佛山、东莞、深圳、长沙、重庆、成都和武汉)的主城区扩张、生态环境状况与质量进行调查和评价,旨在明确 2000～2010 年重点城市:①城市化的状况、扩展过程和强度;②生态系统与环境质量状况及变化;③城市化的生态环境胁迫与效应。

7.1 城市化强度

城市化是人口、土地、社会经济由农村型向城市型转变的过程(Antrop, 2004),是社会经济发展到一定阶段的必然产物,城市化过程中城市化强度的变化有其内在的规律性,探寻城市化强度变化的规律,对于正确引导城市化进程,综合权衡城市发展的各个方面,避免盲目推进城市发展有重要的意义。

本节分别从人口城市化、经济城市化和土地城市化三个方面对 17 个重点城市的城市化过程进行评述。城市人口增加是城市化过程中最为显著的特征,本书的人口城市化主要通过重点城市的人口密度变化来表征。城市化的不断发展推动了城市经济的繁荣,并且影响了城市经济产业结构的变化,本书研究的经济城市化主要采用第二、三产业各自占经济产业结构的比重变化来表征。城市化过程中最为明显的特征是自然土地向城市用地转化,主要表现为不透水面的显著增加,因此本章研究的土地城市化主要通过不透水面的面积及其占主城区面积的比例来表征。

2000～2010 年 17 个重点城市的城市化过程显著,表现为人口密度持续上升,并且始终高于全国平均水平;经济产业结构改变,总体上第二产业的比例降低,而第三产业的比例相对上升;主城区面积均大幅度扩张,不透水面面积持续上升,大量植被覆盖地区被不透水面侵占。不透水表面占主城区面积的比例表现出先上升后下降的变化。

7.1.1 人口城市化

城市人口增加是城市化的重要方面,由于快速的城市化过程,大批人口涌进城市,1978～2009 年,中国城市人口占总人口的比例由 18% 增加至 47%(国家统计局,2010)。

2000～2010年北京、天津、唐山、上海、苏州、无锡、常州、杭州、南京、广州、佛山、东莞、深圳、长沙、重庆、成都和武汉17个重点城市的人口密度均呈现缓慢上升的趋势，且重点城市市辖区的人口密度高于全国平均水平（图7-1）。各重点城市之间的人口密度及其变化趋势有显著的差异，长沙市人口密度在17个重点城市之间始终保持相对最高，但十年间变化剧烈，在2000～2007年保持明显的上升趋势，由3399人/km^{2}上升至3934.35人/km^2，但到2008年人口急剧下降至2495.5人/km^2，之后保持相对不变。上海、唐山和成都人口密度在17个重点城市中相对较高，仅次于长沙，且十年间变化相对平缓。其他城市人口密度均低于2000人/km^2。武汉、广州和苏州的人口密度分别在不同的年份经历了剧烈变化，而深圳的人口密度则始终保持快速的上升，重庆市的人口密度始终最低，接近全国城市平均水平，且变化趋势相对不明显。

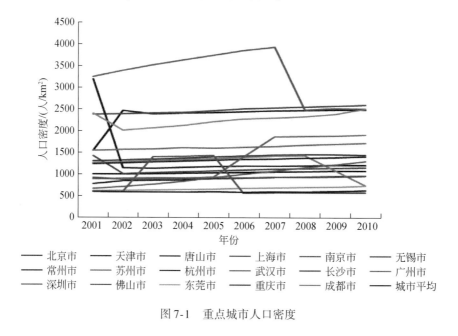

图7-1 重点城市人口密度

7.1.2 经济城市化

2000～2010年，上海、南京和深圳产业结构以第二、第三产业为主，且第二、第三产业比重接近（如上海2000～2010年的第二、第三产业各自的比例分别为46.27%～47.39%和52.12%～50.65%）；苏州、无锡、常州、杭州、天津、唐山、佛山、东莞、重庆则主要以第二产业为主；而北京、广州、长沙、武汉和成都的经济产业结构则以第三产业为主。17个重点城市的第三产业份额总体高于全国平均水平，2010年，除唐山和重庆，其他重点城市的第三产业比重均高于35.63%的全国平均水平（图7-2和图7-3）。

17个重点城市在2000～2010年都经历了明显的经济增长方式转变。其中上海、南京、苏州、无锡、常州、杭州、天津、深圳、东莞、武汉的第二产业比重均呈现前五年上升、后

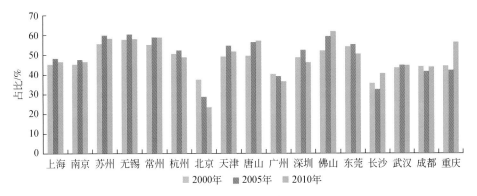

图 7-2　重点城市第二产业比重

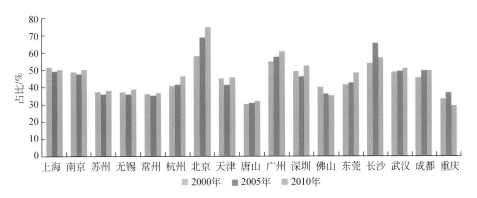

图 7-3　重点城市第三产业比重

五年平稳甚至下降的变化趋势，而第三产业比重则相应地表现出前五年先下降、后五年上升的变化趋势。表明这十个重点城市在前期主要进行快速的城市建设和发展，之后城市化进程则相对变缓。北京和广州的第二产业比重表现出持续、明显的下降，第三产业的比重则相应持续、快速地增加。长沙、成都和重庆 2000~2010 年第二产业比重先下降、后上升。

7.1.3　土地城市化

2000~2010 年，17 个重点城市主城区面积均呈较大规模扩张，但不同城市间主城区扩张程度存在巨大差异，重点城市主城区面积绝对值平均增加 535.9 km²，其中面积增加最多的是上海（1219.0 km²），最少的是唐山（74.5 km²）；2010 年重点城市主城区面积相对于 2000 年，平均增加了 1.45 倍，其中增长最为快速的分别是重庆和苏州，主城区面积扩大了 4 倍，其次为无锡和常州，主城区面积扩大了 3~4 倍，武汉、成都、南京、天津、杭州、上海、长沙主城区面积分别扩大了 2~3 倍，唐山、东莞和深圳的主城区扩张速度相对最慢（图 7-4）。十年间，重点城市扩张时间也存在差异：位于京津冀、成渝和长株潭城市群的重点城市扩张前五年大于后五年（唐山除外），而位于长三角、珠三角和武汉城市群的重点城市扩张后五年大于前五年（杭州、东莞和深圳除外），其中深圳 2005~2010 年主城区面积几乎停止了增长。

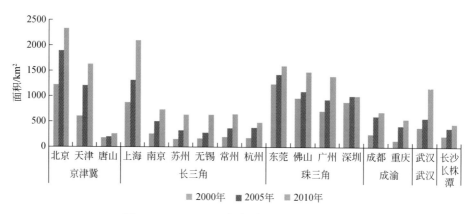

图 7-4　2000～2010 年主城区面积变化情况

除扩张幅度和扩张时间存在差异外，城市之间的扩张模式也不相同，并具有一定的地域特征（图 7-5），城市扩张模式受多方面因素的影响，如距离交通主干道的距离、距离大城市中心的距离，以及地方的政策导向等（Luo and Wei，2009）。根据 2000 年、2005 年和 2010 年建成区边界，城市扩张模式主要包括蔓延式和跳跃式两大类型。京津冀城市群中，北京和天津在 2000～2005 年这一时间段中主要以蔓延式和跳跃式相结合的方式扩张，2005～2010 年则主要以蔓延式为主。唐山市扩张较为缓慢，2000～2010 以蔓延式扩张为主。长三角城市群中，建成区扩张方式则多为跳跃式，如上海、苏州、无锡和常州的城区周边有较多卫星城镇。南京和杭州则主要以蔓延式的扩张为主。珠三角城市群中的城市，如广州、深圳、佛山和东莞，其建成区空间扩张较为缓慢，主要通过小幅蔓延的形式扩张。其余城市群的重点城市，如长沙、成都、重庆和武汉，也以蔓延式扩张为主。

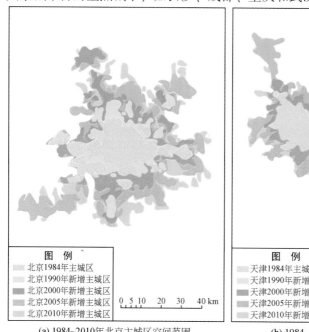

(a) 1984~2010年北京主城区空间范围　　　　　　　(b) 1984~2010年天津主城区空间范围

图 例
唐山1984年主城区
唐山1990年新增主城区
唐山2000年新增主城区
唐山2005年新增主城区
唐山2010年新增主城区

0 2 4   8   12   16 km

(c) 1984~2010年唐山主城区空间范围

图 例
上海1984年主城区
上海1990年新增主城区
上海2000年新增主城区
上海2005年新增主城区
上海2010年新增主城区

0 5 10   20   30 km

(d) 1984~2010年上海主城区空间范围

图 例
南京1984年主城区
南京1990年新增主城区
南京2000年新增主城区
南京2005年新增主城区
南京2010年新增主城区

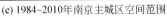

0 4 8   16   24 km

(e) 1984~2010年南京主城区空间范围

图 例
苏州1984年主城区
苏州1990年新增主城区
苏州2000年新增主城区
苏州2005年新增主城区
苏州2010年新增主城区

0 5 10   20   30 km

(f) 1984~2010年苏州主城区空间范围

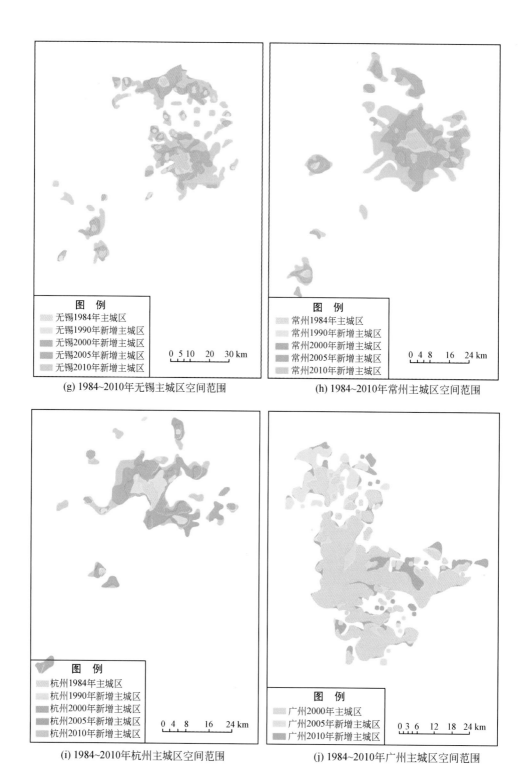

(g) 1984~2010年无锡主城区空间范围

(h) 1984~2010年常州主城区空间范围

(i) 1984~2010年杭州主城区空间范围

(j) 1984~2010年广州主城区空间范围

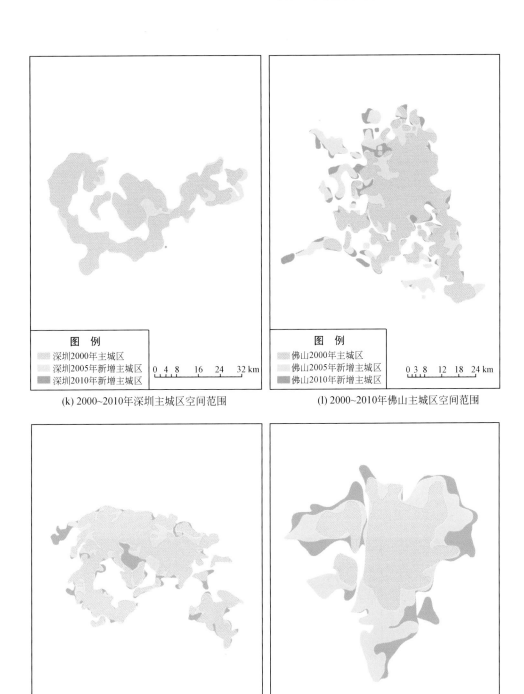

(k) 2000~2010年深圳主城区空间范围

(l) 2000~2010年佛山主城区空间范围

(m) 2000~2010年东莞主城区空间范围

(n) 2000~2010年长沙主城区空间范围

(o) 2000~2010年成都主城区空间范围

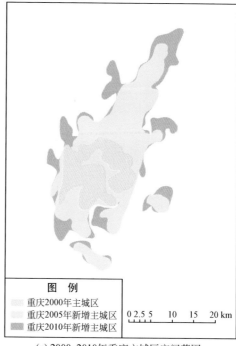

(p) 2000~2010年重庆主城区空间范围

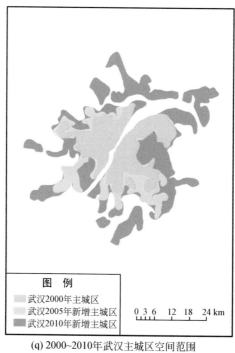

(q) 2000~2010年武汉主城区空间范围

图 7-5　2000～2010 年重点城市主城区空间范围扩张

2000～2010 年重点城市中，北京的不透水面积在重点城市始终保持最高，杭州、上海次之，而东莞的不透水面积最低。且十年间各重点城市主城区内不透水表面的面积都呈现持续增加的趋势，2000 年、2005 年和 2010 年 17 个重点城市平均不透水面积分别为 298.5 km²、424.2 km²、484.3 km²，总体而言，前五年不透水面积增加幅度大于后五年（图 7-6），这表明十年间重点城市都经历了明显的土地城市化过程，且前五年的城市化强度要大于后五年。但不同城市间不透水面积的增加强度有很大的差异，其中天津增加强度最大，从 2000～2010 年不透水面积增加了约 2.5 倍；其次为长沙、苏州和北京，分别增加了约 2 倍；重庆、上海、深圳的增加强度最小。除武汉、成都和唐山外，其他重点城市不透水面积增加强度均是前五年明显大于后五年，尤其是天津、东莞、常州、杭州、深圳、重庆和上海这七个重点城市。总体来说，十年间主城区增加的不透水面积主要来自于 2000～2005 年增加的不透水面积。但唐山的趋势相反，该城市十年间增加的不透水面积主要是后五年增加的，武汉和成都的不透水面积则呈现均匀增加的趋势，前五年增加强度与后五年相同。

重点城市主城区平均不透水地表比例在 2000～2010 年总体变化趋势表现为先上升后下降，在 2000 年、2005 年和 2010 年分别为 51.3%、54.3% 和 52%（图 7-6）。但不同城市不透水地表比例变化有明显的差异，长沙和东莞 2000～2010 年不透水地表比例持续增长，且比例十年间增长了近 2 倍。南京、北京、苏州、常州和无锡的不透水比例则呈持续下降的变化趋势，其中南京下降幅度最大，北京次之，无锡最低。佛山、广州、深圳、天津、上海、武汉和杭州的不透水地表比例在前五年明显上升，后五年则下降或停止变化，其中上海和天津后五年下降幅度明显，导致 2010 年相比于 2000 年这两个城市的不透水地表比例没有明显的增加，而佛山、广州、深圳和武汉后五年的下降幅度很小，导致这四个城市 2010 年相比于 2000 年不透水地表比例仍然有明显的上升。总体而言，17 个重点城市除长沙和东莞之外，其他城市不透水地表比例都呈现十年间持续下降或者进入 2005 年之后开始下降的变化趋势，表明土地城市化强度开始有所减缓。

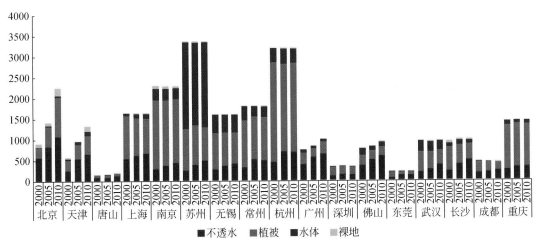

(a)主城区地表覆盖面积

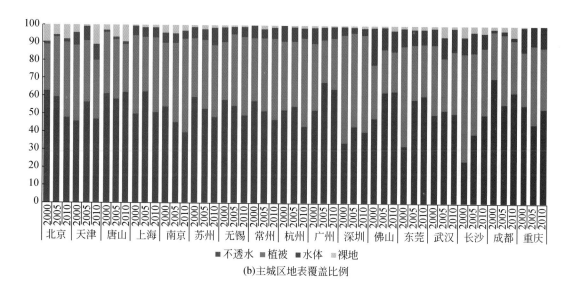

(b)主城区地表覆盖比例

图7-6　主城区土地覆盖面积及比例

各重点城市的城市化强度趋同,差异逐渐缩小(图7-6),2000年城市化强度较高城市的城市化强度呈下降趋势,而城市化强度较低城市的城市化强度呈不断上升的趋势。北京、成都,苏锡常等城市,其2000年的不透水地表比例都接近或超过60%,但在2010年都有较大程度的下降。2000年不透水地表比例较低的长沙、东莞和南京,其不透水地表比例表现出不断上升的趋势。2000年不透水地表比例接近平均水平的城市,十年中的不透水地表比例变化幅度则相对较小。

2000~2010年各重点城市主城区的不透水面积都持续增加,总体而言,植被是各重点城市城市扩张的主要侵占类型。其中唐山、天津和北京的不透水地表有70%以上由植被转化而来,且这些植被有很大部分可能都来自于耕地(Tan et al.,2005)。2000~2005年和2005~2010年各重点城市植被转化为不透水地表的比例平均值分别为37.4%和31.2%,表明前五年重点城市植被转变为不透水地表的强度要大于后五年。除植被外,其他土地类型同时也有不同程度地被侵占(图7-7),部分城市,如长沙、广州、佛山和天津、苏州、无锡和常州,水体也是不透水地表的重要来源,同时长沙和广州的不透水地表有很大部分来自于裸地,尤其是大面积建筑裸地。

对比2000年原有主城区和2000~2010年新增主城区的不透水地表比例,除长沙新增主城区城市化强度(即不透水地表比例)高于原有主城区外,各重点城市原有主城区的城市化强度均高于新增主城区,且大部分城市新增主城区的植被比例明显高于原有主城区。北京、唐山、上海、南京、苏州、无锡、常州新增主城区不透水地表比例相比于原主城区有明显的下降,且除唐山新增主城区主要是裸地增加外,其他重点城市相应的植被比例有明显增加。天津、杭州、广州、佛山、成都、武汉和重庆新增主城区的不透水地表比例下降幅度相对较小,除天津和武汉的新增主城区分别主要是裸地和水体增加之外,其他城市新增主城区主要是植被比例有所增加(图7-8)。

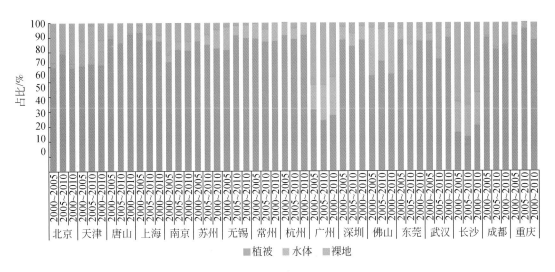

图 7-7 主城区各用地类型转化为不透水地表比例

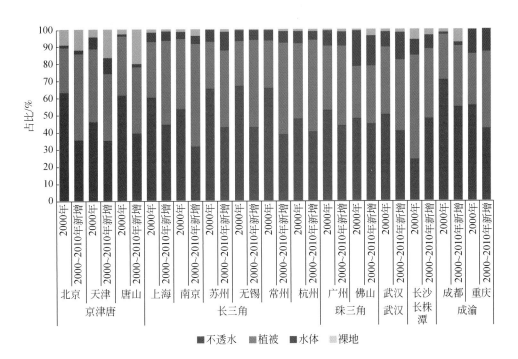

图 7-8 "新""老"主城区不同土地覆盖比例比较

7.2 城市景观格局

快速城市化导致资源短缺、环境恶化等多种生态问题，这些问题主要受城市化导致的城市景观格局变化的影响，研究城市景观格局及其演变特征，对于探讨城市景观格局优化，促进城市可持续发展有重要意义（陈利顶等，2013）。本节通过探讨重点城市主城区的不同类型地表覆盖的比例及其相应的变化，来揭示 17 个重点城市 2000～2010 年城市景观格局的组成及相应的变化。2000～2010 年重点城市不透水地表占据城市主城区的大部分，其次为植被，水体和裸地占据的比例相对较小。北京和长三角城市的不透水地表比例在十年间持续降低，植被比例则相应增加，而珠三角和长株潭的重点城市的不透水地表比例都持续增加，而植被比例则相应的持续减少。

总体来说，不透水地表是城市最主要的土地覆盖类型，其所占的比例最大，各重点城市在 2000～2010 年的不透水地表比例平均值都超过 50%。其次是植被，2000～2010 年植被比例的平均值为 36%～38%，水体和裸地所占的比例都较少，各时期均未超过 10%（图 7-9）。然而，也有部分城市的主要土地覆盖类型为绿地。

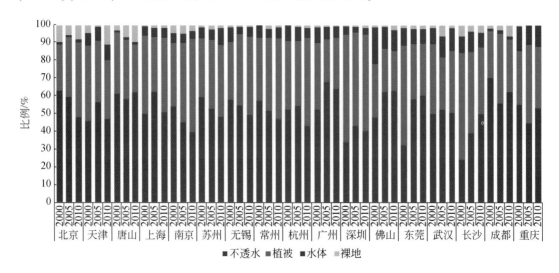

图 7-9 主城区土地覆盖比例

北京、南京、苏州、无锡、常州和杭州的主要覆盖类型为不透水地表，其次为植被，最后为水体和裸地。从变化看，2000～2010 年各城市的不透水地表比例持续降低，而植被比例持续增加（图 7-10）。其中北京和南京不透水地表比例降低和植被比例增加的幅度最大：北京不透水地表由 2000 年的 63% 降低至 2010 年的 48%，植被则从 2000 年的 26% 上升至 2010 年的 42%，比例增加了近 2 倍，水体和裸地的变化则不明显；南京不透水地表由 2000 年的 54% 降低至 2010 年的 39%，植被则从 2000 年的 35% 上升至 2010 年的 52%，比例增加了近 2 倍，水体和裸地的变化同样不明显；苏州、无锡、常州和杭州的不透水地表比例十年降低了约 10%，而植被比例则相应的增加了 10% 左右。

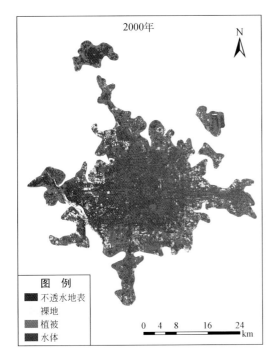

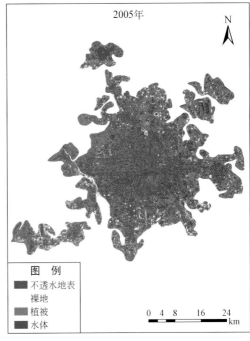

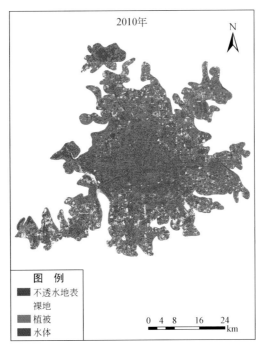

2000~2010年北京主城区生态系统组分分类图

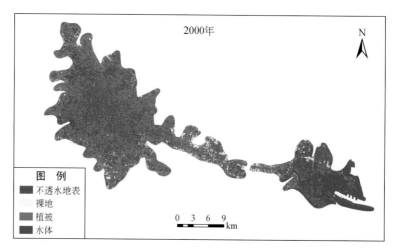

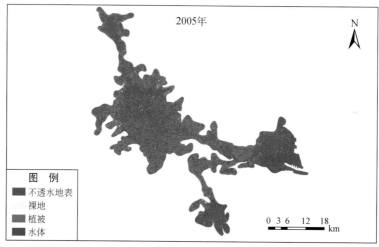

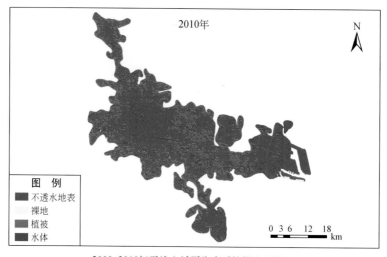

2000~2010年天津主城区生态系统组分分类图

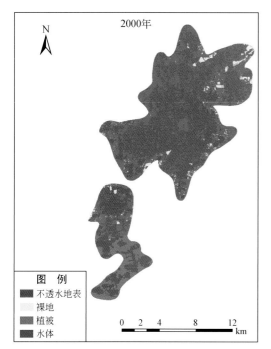

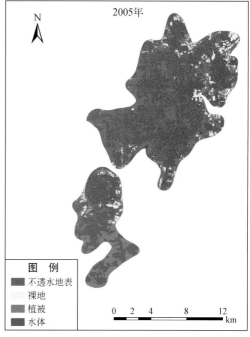

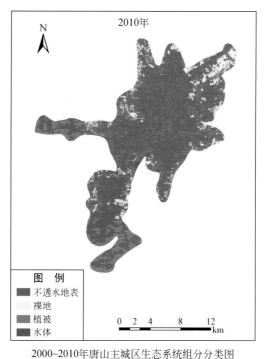

2000~2010年唐山主城区生态系统组分分类图

(a) 2000~2010年京津唐重点城市主城区生态系统组分变化

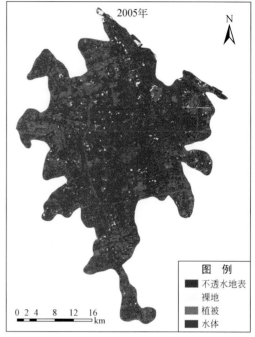

2000~2010年上海主城区生态系统组分分类图

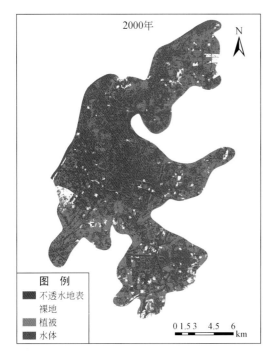

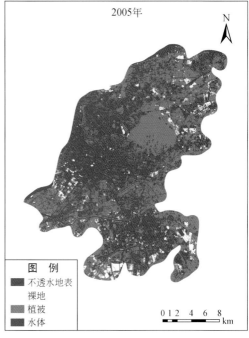

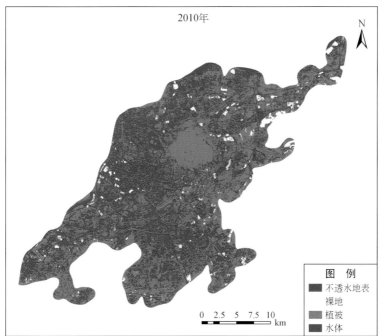

2000~2010年南京主城区生态系统组分分类图

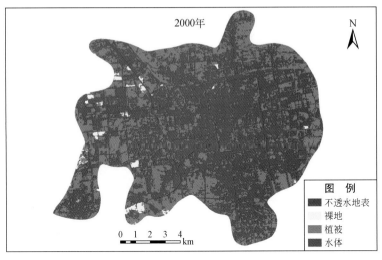

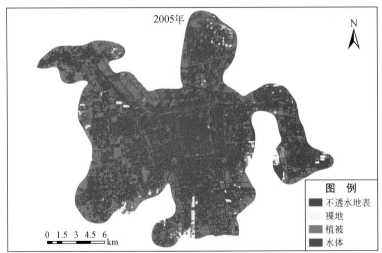

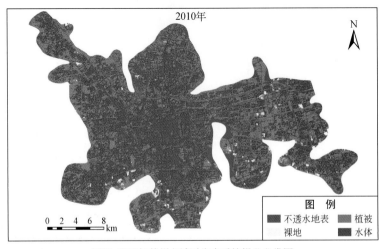

2000~2010年苏州主城区生态系统组分分类图

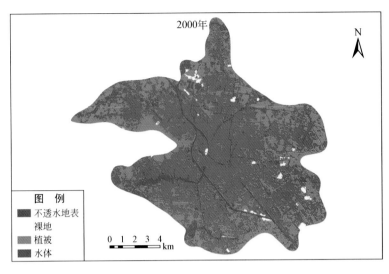

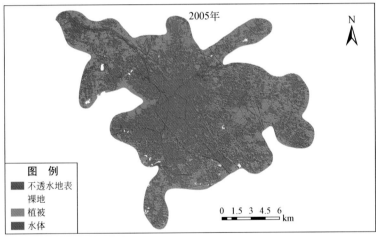

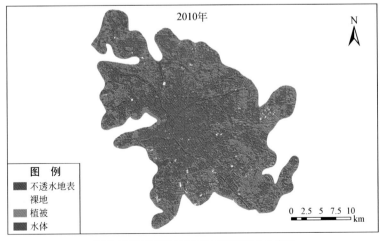

2000~2010年无锡主城区生态系统组分分类图

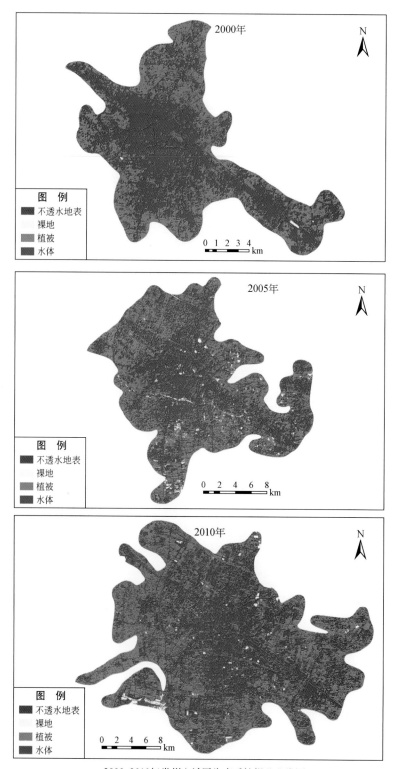

2000~2010年常州主城区生态系统组分分类图

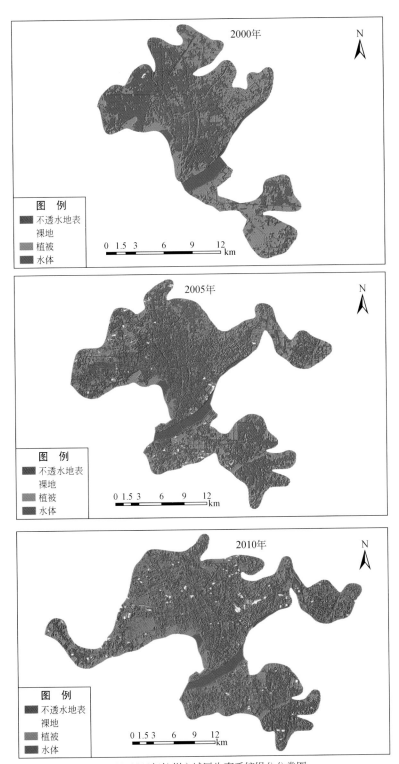

2000~2010年杭州主城区生态系统组分分类图

(b) 2000~2010年长三角重点城市主城区生态系统组分变化

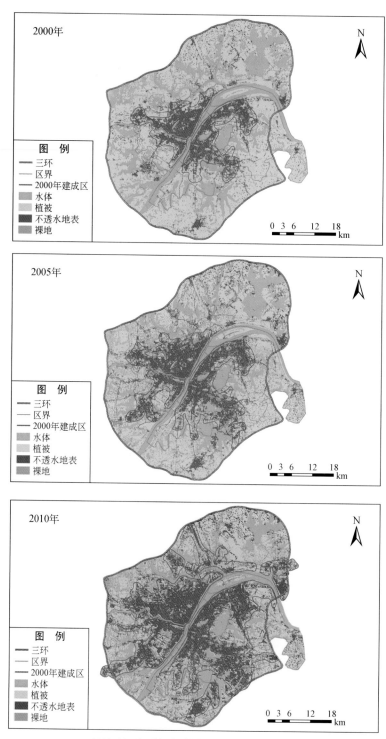

2000~2010年武汉主城区生态系统组分分类图

(c)2000~2010年武汉重点城市主城区生态系统组分变化

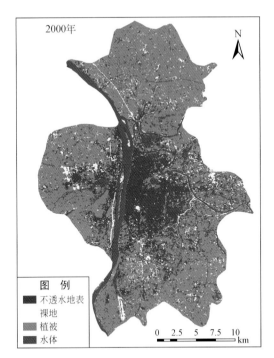

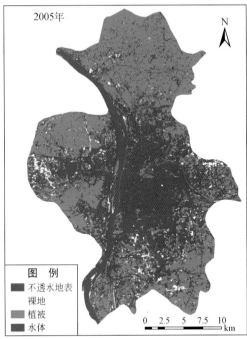

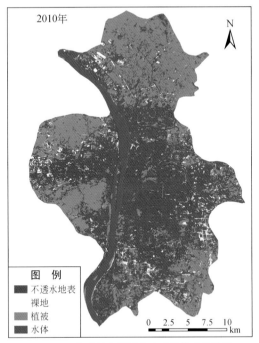

2000~2010年长沙主城区生态系统组分分类图

(d) 2000~2010年长株潭重点城市主城区生态系统组分变化

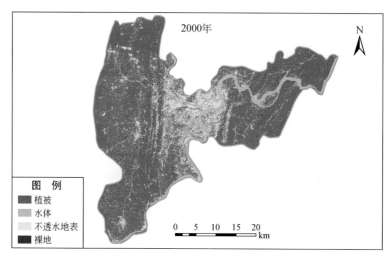

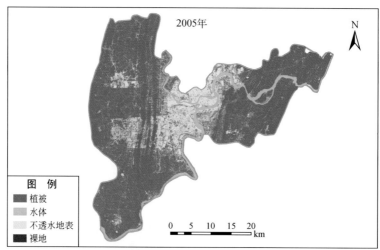

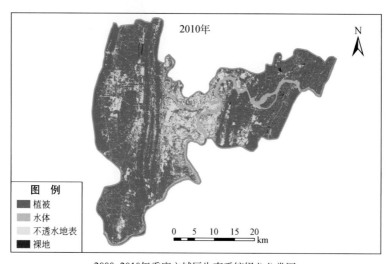

2000~2010年重庆主城区生态系统组分分类图

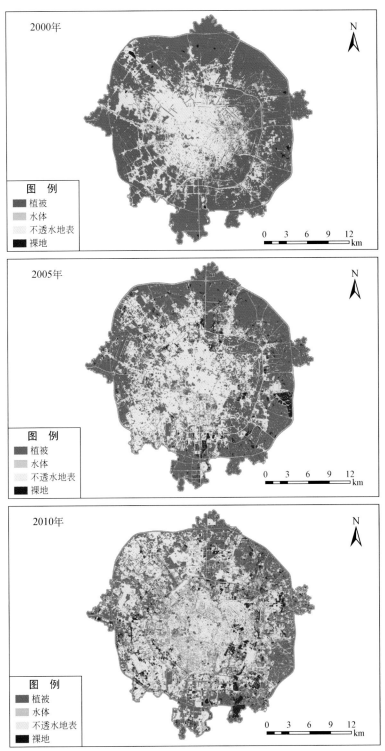

2000~2010年成都主城区生态系统组分分类图

(e) 2000~2010年成渝城市主城区生态系统组分变化

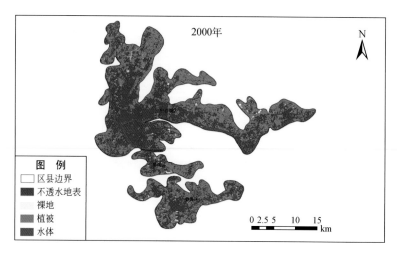

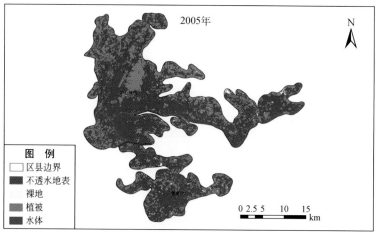

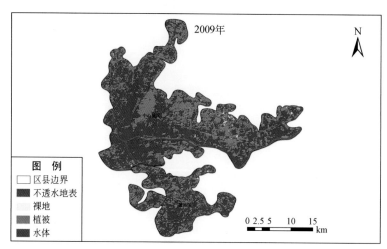

2000~2010年广州主城区生态系统组分分类图

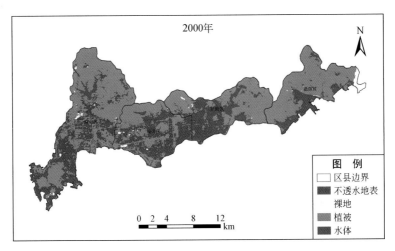

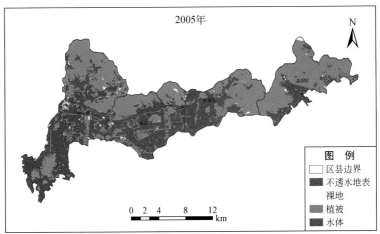

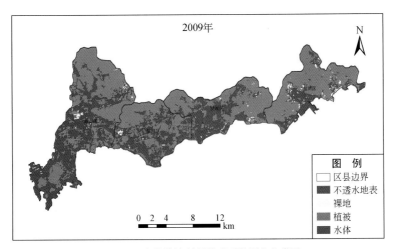

2000~2010年深圳主城区生态系统组分分类图

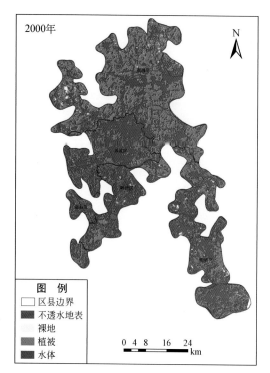

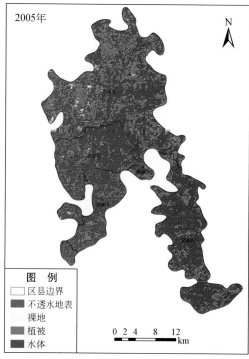

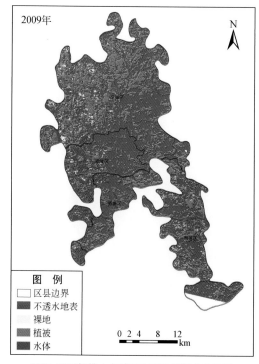

2000~2010年佛山主城区生态系统组分分类图

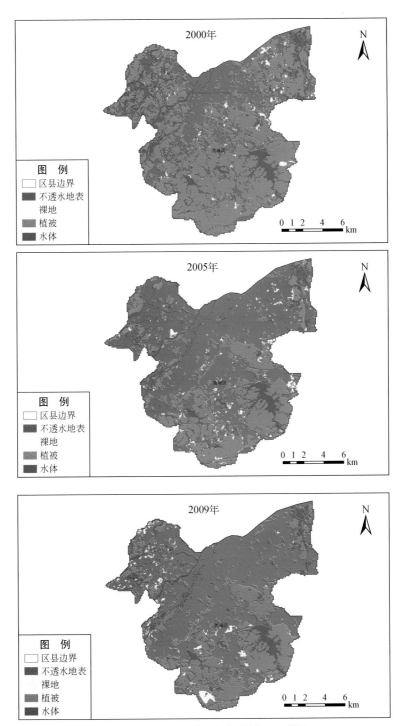

2000~2010年东莞主城区生态系统组分分类图

(f) 2000~2010年珠三角城市主城区生态系统组分变化

图 7-10 城市主城区生态系统组分分类图

东莞、深圳和长沙2000年的主要土地覆盖为植被，其覆盖比例均超过55%，其次为不透水地表、水体和裸地。佛山和广州2000年的主要土地覆盖类型为不透水地表，其次为植被，最后为水体和裸地。从变化看，2000～2010年珠三角和长株潭的重点城市的不透水地表比例都持续增加，而植被比例则相应的持续减少。其中东莞和长沙的不透水地表比例增加和植被比例降低的幅度最大：东莞不透水地表由2000年的32%增加至2010年的60%，植被则从2000年的56%降低至2010年的29%，比例降低了近2倍，水体和裸地的变化则相对不明显；长沙不透水地表由2000年的24%增加至2010年的50%，植被则从2000年的60%降低至2010年的37%，水体和裸地的变化同样不明显；佛山、广州和深圳的不透水地表比例十年间增加10%～20%，而植被比例降低了10%左右，佛山的水体比例有明显降低，而裸地有明显升高。

天津、唐山、成都、重庆和武汉的主要土地覆盖类型均为不透水地表，其次为植被、水体和裸地。从变化看，2000～2010年天津、上海和武汉的不透水地表比例在前五年上升，后五年下降。其中，上海和武汉的植被比例总体上先降低后增加，天津的植被比例则在十年间持续降低，而水体和裸地的比例持续增加。唐山、成都和重庆的不透水地表比例在前五年降低，后五年增加。其中，成都和重庆的植被比例总体上先增加后降低，唐山的植被比例在十年间持续降低，其裸地的比例明显持续增加。

7.3 生态质量

城市人口密度迅速增加，城市生态环境受到的压力日趋增大，强化城市生态质量是保证城市长期适宜人类居住的首要条件。本节通过分析城市内植被覆盖比例以及人均绿地面积的变化，来比较不同重点城市的生态质量差异及其动态变化。不同城市之间植被覆盖存在很大差异，长三角和珠三角城市群的重点城市总体植被覆盖比例和人均绿地面积相对较高，2000～2010年重点城市主城区内植被比例总体呈现先下降后上升的变化趋势。

17个重点城市主城区的植被比例平均为37%，其中深圳植被比例最高，在2000～2010年都保持50%以上的植被覆盖比例，成都的植被比例则相对最低。2000～2010年重点城市主城区内植被比例呈现先下降后上升的变化趋势，2000年、2005年和2010年城市植被比例平均值分别为39%、37%和38%。不同城市十年间的变化有较大的差异，北京、南京、苏州、无锡、常州和杭州主城区植被比例持续上升，其中北京和南京植被比例上升的幅度相对较大。不同城市十年间的植被变化有较大差异，北京、南京、苏州、无锡、常州和杭州主城区植被比例持续上升，其中北京和南京植被比例上升的幅度相对较大。天津、唐山、东莞、佛山、深圳和长沙的植被比例则持续下降，其中东莞和长沙的植被比例下降幅度相对较大。上海和广州的植被比例表现出前五年先下降，后五年开始上升的变化趋势，而成都和重庆则完全相反，前五年植被比例明显上升，后五年反而下降（图7-11）。

重点城市人均绿地面积有较大差异，长三角除上海外的5个重点城市、珠三角除广州外的3个重点城市，以及重庆的人均绿地面积较高，尤其是南京和东莞，其人均绿地面积

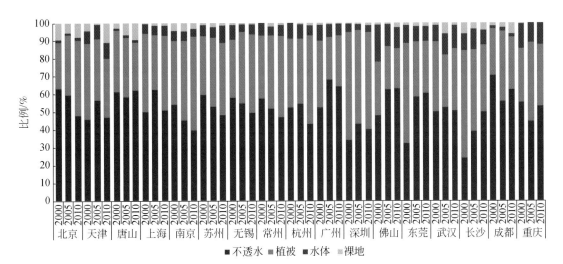

图 7-11　城市主城区地表覆盖比例

在 2000～2010 年均超过了 400 m²。京津冀重点城市的人均绿地面积显著小于其他城市，其中北京和天津的人均绿地面积始终低于 20 m²。在 2000～2010 年的城市化过程中，所有重点城市的人均绿地面积均显著下降，其中深圳、东莞和成都的人均绿地面积减少超过一半，北京、重庆和唐山的人均绿地面积减少幅度较小，其中北京和唐山在 2005 年，人均绿地面积比 2000 年还略有升高（图 7-12）。

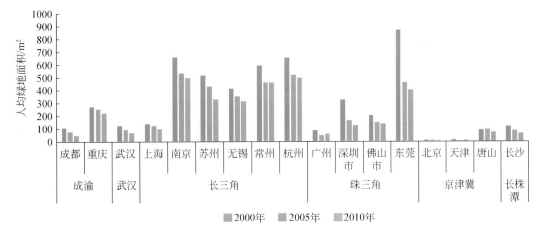

图 7-12　城市人均绿地面积

7.4　环　境　质　量

快速的城市化进程对城市环境产生的多方面的影响，对城市环境质量进行调查和评价是制定城市环境规划、实施环境治理和保护的重要基础。本节通过调查空气质量和酸雨污染状况来分析各重点城市的环境质量情况，其中珠三角重点城市的城市空气质量最佳，北京和武汉的空气质量最低；佛山和长沙的酸雨污染情况较严重，武汉的酸雨发生频率相对较低。2000～2010年各城市的空气质量都有明显的改善，酸雨频度总体呈前五年明显上升，后五年减缓或开始下降的趋势。结果表明，重点城市尺度上环境质量在持续改善。

7.4.1 空气质量

衡量空气质量采用的标准是"空气质量二级达标天数比例"，即空气质量达到我国《环境空气质量标准》（GB3095—2012）二级标准的天数占全年天数的百分比。重点城市之间空气质量有差异，其中珠三角的4个重点城市空气质量最佳，2010年广州、深圳、佛山和东莞的二级天数占全年天数比例均超过90%，北京和武汉的空气质量相对较差，二级天数比例都在80%以下，其他城市则保持在80%～90%。从变化看，2000～2010年重点城市空气质量达到二级的天数比例，都持续且显著地上升（成都除外），其中北京、上海、佛山、长沙、重庆和武汉十年间保持均匀稳定的上升趋势，其他城市则主要是2000～2005年有明显的上升，2005～2010年则上升幅度变小或者相对保持不变。成都的空气质量则在前五年有所降低，后五年开始逐渐好转（图7-13）。

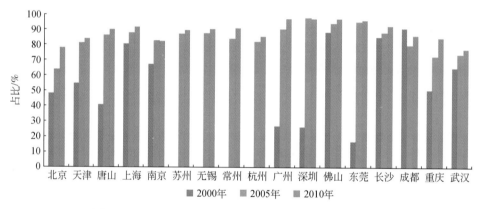

图7-13 2000～2010年重点城市二级天数占全年天数比例

7.4.2 酸雨频度

重点城市酸雨污染情况衡定采用的指标是酸雨频度，即酸雨年发生频率。不同城市酸雨频度有明显差异，其中佛山和长沙的酸雨年发生频率较高，始终保持在70%以上，武汉的酸雨频度最低，始终保持在40%以下。研究表明，四川、贵州及广西电厂烧煤排放的废气是造成西南、华南酸雨的重要原因之一。长沙地处湖南东北部，位于大华南酸雨区的核心区域。2000～2010年，重点城市的酸雨频度总体呈现上升趋势，其中上海、苏州、无锡和重庆的酸雨频度在十年间持续上升，且上海的上升幅度最大，从2000年的26%上升至2010年的74%。其他城市的酸雨频度则表现出前五年明显上升，后五年开始下降或者停止上升的变化趋势，尤其是珠三角的4个重点城市和长沙的酸雨频度在2005～2010年有明显的下降趋势（图7-14）。

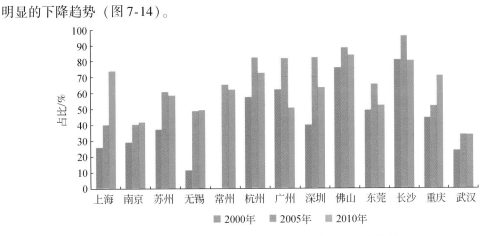

图 7-14　2000～2010 年部分重点城市酸雨频度情况

7.5　资源环境效率

城市化的快速发展对生态环境产生了重要的影响，"十一五"规划明确指出我国未来经济发展面临的最为突出的问题就是资源过度消耗和环境破坏给可持续发展带来的压力。本节分别从水资源利用效率、能源利用效率和环境利用效率三个方面来对重点城市的资源环境效率进行评述。水资源利用效率指产生单位 GDP 需要消耗的水量，能源利用效率表示产生单位 GDP 需要消耗的能源量，而环境利用效率则是指产生单位 GDP 需要排放的污染物量，包括空气中的 SO_2、烟粉尘，以及水中的 COD 排放量。2000～2010 年重点城市的水资源和能源利用效率总体上均持续上升，同时环境利用效率均有显著提高。表明随着国家的重视、科技的进步，水资源、能源的利用率有明显的提高，环境的影响逐渐降低，经济的发展对环境也有有利的一面（Marcotullio，2001）。

7.5.1　水资源利用效率

重点城市的水资源利用效率在 2000～2010 年总体上持续上升，2000 年、2005 年和 2010 年各城市的单位 GDP 的用水量平均值分别为 141t/万元、82t/万元和 38 t/万元（图7-15）。2000～2010 年，重点城市水资源利用效率总体上保持上升的趋势，各城市在十年间均呈现持续上升的变化趋势。其中佛山上升幅度最大，其 2010 年的单位 GDP 的用水量仅为 2000 年的 1/6，天津和长沙的上升幅度其次，2010 年的单位 GDP 的用水量仅为 2000 年的 1/5，而武汉、南京和广州的上升幅度也很大，2010 年的单位 GDP 的用水量仅为 2000 年的 1/4，苏州的水资源利用效率增长相对最慢（图7-16）。重点城市的水资源利用效率彼此间有较大的差异，其中成都、重庆、长沙、广州、佛山和东莞的水资源利用效率始终低于重点城市平均水平，尤其是长株潭的长沙和成渝城市群的成都和重庆的水资源利用效率远低于其他重点城市；珠三角城市群的苏州、无锡、常州和杭州的水资源利用效率则很高（图7-16）。

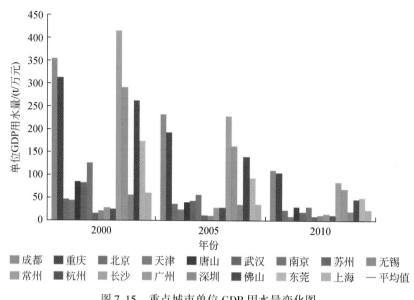

图 7-15 重点城市单位 GDP 用水量变化图

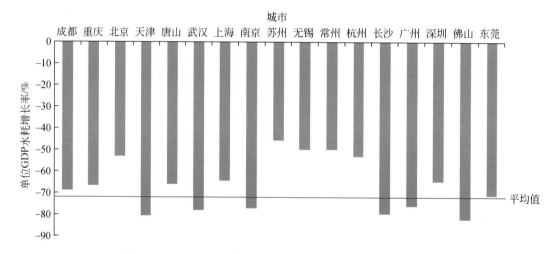

图 7-16 2000～2010 年重点城市单位 GDP 水耗增长率对比图

7.5.2 能源利用效率

重点城市的能源利用效率在 2005～2010 年总体上持续上升，2005 年和 2010 年各城市的单位 GDP 的用煤量平均值分别为 1.47 t/万元、1.08 t/万元（图 7-17）。2005～2010 年，重点城市能源利用效率总体上保持上升的趋势，各城市均呈现持续上升的变化趋势。其中长沙上升幅度最大，其 2010 年的单位 GDP 的用煤量仅为 2000 年的 1/3，武汉的上升幅度次之，2010 年的单位 GDP 的用煤量仅为 2000 年的 1/2，同水资源利用效率相似，苏州的能源利用效率增长在重点城市中相对也是最慢的（图 7-18）。重点城市的能源利用效率彼此间有较大的差异，其中长沙的能源利用效率最高，2005 年和 2010 年的单位 GDP 的用煤量分别为 0.31t/万元和 0.13 t/万元，而武汉的能源利用效率最低，2005 年和 2010 年的单位 GDP 的用煤量分别为 3.6t/万元和 2.89 t/万元，其他城市的能源利用效率相对保持在平均值水平。

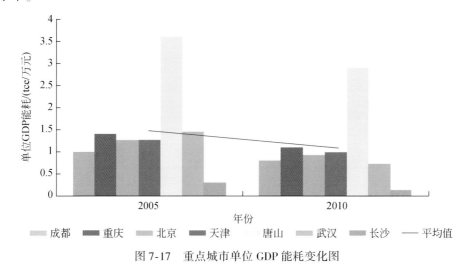

图 7-17　重点城市单位 GDP 能耗变化图

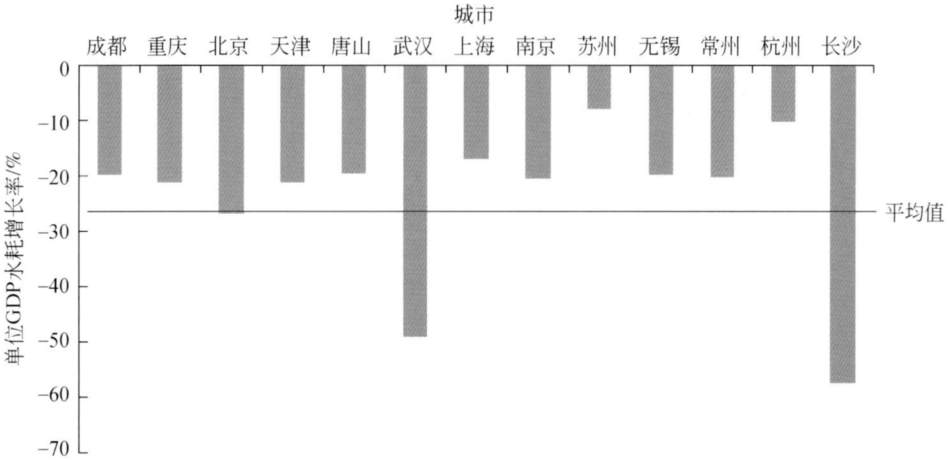

图 7-18　重点城市单位 GDP 能耗增长率对比图

7.5.3　环境利用效率

　　重点城市的大气及水环境利用效率均有显著提高，但 SO_2 排放仍然是各重点城市的主要污染物，大气环境资源利用效率有待进一步提高。

　　重点城市之间的大气环境资源利用效率有较大差异，重庆市的单位 GDP SO_2 排放量高于其他重点城市，2000 年时高达 46kg/万元，其次为唐山（29kg/万元），深圳最低

（1.76kg/万元）（图7-19）。唐山的单位GDP烟尘排放量明显高于其他重点城市，2000年时高达28kg/万元，其次为成都、长沙和天津，深圳同样保持最低，且远小于其他重点城市（0.15kg/万元）（图7-20）。综合而言，唐山的大气污染物排放要高于其他城市，这可能主要是由其发达的采矿业导致的。

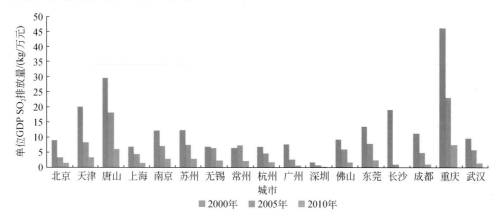

图7-19　2000~2010年17个重点城市单位GDP SO$_2$排放量

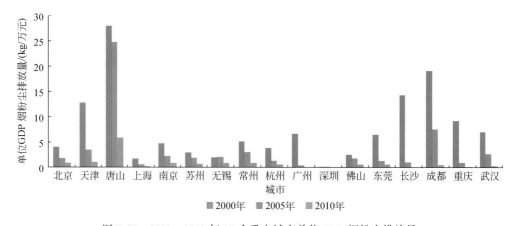

图7-20　2000~2010年17个重点城市单位GDP烟粉尘排放量

2000~2010年各重点城市的单位GDP SO$_2$排放量均呈现持续且显著的下降趋势，尤其是2000~2005年排放量有明显的下降，其中长沙的下降幅度最大，由2000年的19.22kg/万元下降至2010年的0.27kg/万元，重庆和唐山的下降幅度也较大，2010年的单位GDP的SO$_2$排放量仅为2000年的1/5~1/6，深圳十年间的排放量变化相对较小，始终保持最低的单位GDP SO$_2$排放量。与单位GDP SO$_2$排放量的变化相同，2000~2010年各重点城市的单位GDP烟尘排放量均呈现持续且显著的下降趋势，且下降幅度超过SO$_2$，长沙的下降幅度同样最大，由2000年的14kg/万元下降至2010年的0.05kg/万元，重庆和成都的下降幅度也较大，2010年的单位GDP的烟尘排放量仅为2000年的1/10~1/20，深圳同样十年间的排放量变化相对较小，始终保持最低的单位GDP烟尘排放量。结果表明2000~2010年各城市的大气环境资源利用效率均有显著的升高，各区域对大气污染进行了有效的防控措施，其中长沙的防控效果最显著。

重点城市之间的水环境资源利用效率同样有较大差异，东莞市由于制造业发达，水环境资源利用效率最低，其单位 GDP COD 排放量高于其他重点城市，2000 年时高达 18kg/万元，其次为天津（11kg/万元），上海和长沙最低（1.45～1.57kg/万元）（图7-21）。与大气环境资源利用效率的变化相同，2000～2010 年各重点城市的水环境资源利用效率持续上升，单位 GDP COD 排放量均有大幅度的降低，其中东莞和广州的下降幅度最大，2010 年的单位 GDP 的 COD 排放量仅为 2000 年的 1/9，上海和长沙 10 年间的排放量变化相对较小，始终保持最低的单位 GDP COD 排放量。

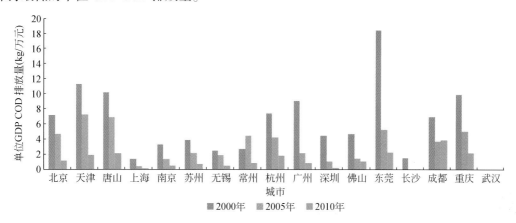

图 7-21 2000～2010 年 17 个重点城市单位 GDP COD 排放量

7.6 生态环境胁迫

生态环境胁迫是指人类活动对自然资源和生态环境构成的压力。本节分别从人口密度、水资源开发强度、能源利用强度、经济活动强度、大气及水污染状况、热岛强度和固体废弃物产量几方面来对重点城市的生态环境压力进行评述。珠三角城市群的重点城市人口密度相对远高于其他城市，且其他城市的人口密度 2000～2010 年呈上升的趋势，表明重点城市人口胁迫逐渐增强。京津唐城市群的重点城市的水资源开发强度和能源利用强度相对高于其他城市，即京津冀地区面临较为严重的水资源和能源胁迫，同时其他城市十年间的水资源胁迫和能源胁迫也逐渐增强。珠三角城市和上海具有相对较高的经济活动强度，各重点城市的经济活动强度均有大幅度的增加。2000～2010 年重点城市的大气污染和水污染状况得到有效的防控和治理，空气污染物 SO_2 和烟粉尘以及水污染物 COD 和氨氮的排放都有明显的降低。十年间重点城市的热岛强度总体有所下降，即"城市-郊区"地表温度差距在缩小，城市化的进程，导致"城市-郊区"地表覆盖格局和人类活动的差异变小。而固体废弃物产生强度在 2000～2010 年均有一定程度的上升，人口增加和经济活动增加导致单位土地面积的固体废弃物排放上升。总体而言，2000～2010 年，各重点城市的生态环境胁迫部分改善，表现为污染胁迫改善，而人口、资源和经济胁迫增强。

7.6.1　人口密度

　　重点城市单位土地面积的人口数有很大的差异，珠三角城市群的 4 个重点城市的人口密度远高于其他重点城市，尤其是 2000 年时差异最大，2000 年珠三角重点城市的人口密度高达 17 627～51 391 人/km²，其他重点城市的人口密度均低于 3000 人/km²。到 2010 年珠三角城市的人口密度都显著下降，与其他重点城市的差异相对变小，但是人口密度依然有 10 300～31 861 人/km²，而其他城市的人口密度依然均低于 3000 人/km²（图 7-22）。

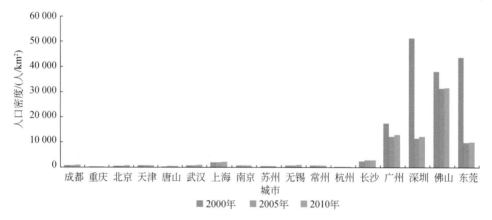

图 7-22　重点城市单位土地面积人口密度对比图

　　2000～2010 年重点城市的人口密度除珠三角区域的 4 个重点城市下降之外，其他重点城市的人口密度呈上升的趋势（图 7-23）。其中成都市的人口密度增长幅度最大，达到 38.63%，其次为长沙和北京，分别为 18.56% 和 16.32%，重庆的增长幅度最小，仅为 2.33%。珠三角的 4 个城市人口密度呈现大幅度的下降，4 个城市平均人口密度从 2000 年的 9602 人/km²，下降到 2010 年的 4806 人/km²，10 年间减少了 49.95%，其中东莞和深圳下降最快，分别为 76.41% 和 75.68%，广州和佛山的下降幅度相对小于珠三角的平均水平，但依然大于其他城市的增长幅度，分别为 26.13% 和 16.51%（图 7-23）。

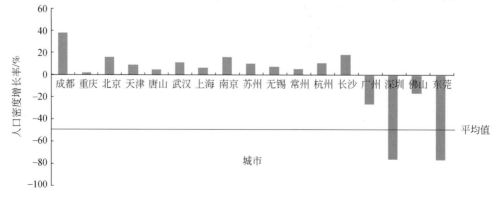

图 7-23　重点城市单位土地面积人口密度增长率对比图（2000～2010 年）

基于建成区计算出的人口密度与国家统计局公布的结果存在一定差异，这与计算人口密度时边界范围的选择有关。基于建成区计算的人口密度尚未广泛应用，其绝对值的代表性和可比性还有待进一步的证实，因而需谨慎使用。以后的研究可进一步探讨该指数的使用方式，以及改进方法。

7.6.2　水资源开发强度

重点城市水资源开发强度有很大的差异，京津唐城市群的 3 个重点城市的水资源开发强度远高于其他重点城市，尤其是 2000 年时差异最大，2000 年天津、北京和唐山的国民经济用水量占可利用水资源总量的比例分别为 338%、202% 和 182%，其他重点城市的国民经济用水量占可利用水资源总量的比例均低于 70%，这可能与北方城市缺水有关。到 2010 年京津唐的国民经济用水量占可利用水资源总量的比例都有显著下降，与其他重点城市的差异相对变小，但是国民经济用水量占可利用水资源总量的比例依然有 152% ~ 243%，而其他城市依然均低于 60%（图 7-24）。

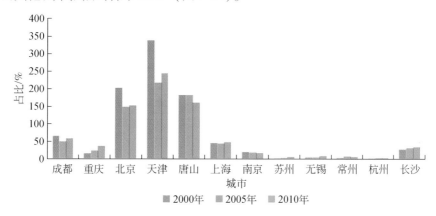

图 7-24　各重点城市国民经济用水量占可利用水资源总量的比例对比图

2000 ~ 2010 年重点城市的国民经济用水量占可利用水资源总量的比例除京津冀区域的 3 个重点城市以及成都和南京保持下降之外，其他重点城市均呈上升的趋势（图 7-25），这表明大部分重点城市的水资源开发强度逐渐增强，即水资源胁迫日趋严重，这是目前中国快速城市化的城市普遍面临的一个重要挑战（Wu and Tan，2012）。2000 ~ 2010 年，各重点城市变化率的平均值为 34.29%，即总体上重点城市的水资源开发强度呈现增长的趋势。其中重庆的增长幅度最大，达到 130%，从 2000 年的 16.49% 上升到 2010 年的 37.94%。其次为苏州，增加了 115%，从 2000 年的 2.87% 上升到 2010 年的 6.17%。上海的增长幅度最小，仅为 6.14%，从 2000 年的 45.91% 上升到 2010 年的 48.73%。京津唐的 3 个城市以及成都和南京的国民经济用水量占可利用水资源总量的比例均呈现大幅度的下降，其中天津的下降幅度最大，达到 27.93%，从 2000 年的 338.16% 下降到 2010 年的 243%，北京次之，下降了 24.85%，从 2000 年的 202.76% 下降到 2010 年的 152.38%，成都下降幅度较小（10%）。

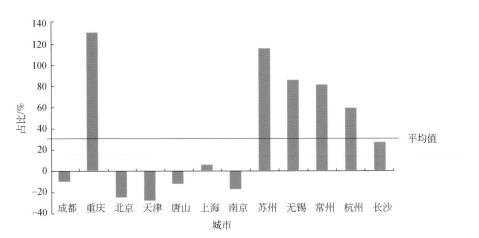

图 7-25　各重点城市国民经济用水量占可利用水资源总量比例的变化率对比图

7.6.3　能源利用强度

重点城市能源利用强度有很大的差异，其中 2005 年广州的单位面积能源消耗量为 5420t/km²，处于重点城市相对最高水平，京津唐的重点城市及武汉的单位面积能耗都保持相对较高的水平，均大于 3000t/km²，而长沙的单位面积能耗最低（395.44 t/km²）。到 2010 年，城市间单位面积能耗差异加大，广州依然保持最高水平，达到 8117.3 t/km²，而长沙依然保持最低水平，达到 513.51t/km²（图 7-26）。

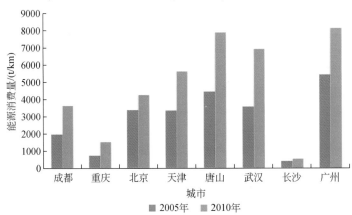

图 7-26　各重点城市单位土地面积能源消费量变化对比图

2005~2010 年重点城市的能源利用强度均有明显增加，单位土地面积能源消耗总量都呈现出上升的趋势（图 7-26）。从 2005~2010 年各重点城市的能源利用强度的变化率看，各重点城市的平均值增长了 65.68%。其中增长最快的是重庆（113.47%），其次是武汉（93.93%）和成都（85.03%），北京的增长率最低（25.93%）（图 7-27）。成渝重点城市 2005~2010 年的能源利用强度总体增加幅度最大。2005~2010 年京津冀各重点城市的单位土地面积能源消耗总量都呈现出上升的趋势，京津冀地区单位土地面积能源消耗总量的平均值从 2005 年的 3708.31tce/km²，上升到 2010 年的 5903.55 tce/km²，平均每年上升 11.84%，约是京津冀城市群平均值的 2 倍。

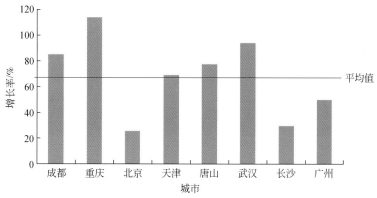

图 7-27 各重点城市单位土地面积能源消费量增长率对比图

7.6.4 经济活动强度

经济活动强度具有较强的区域性特征，珠三角的重点城市和上海的单位土地面积 GDP 明显高于其他重点城市。2010 年，深圳单位土地面积 GDP 最高，上海和东莞次之，分别为 49 060 万元/km²、22 472 万元/km² 和 17 227 万元/km²，其他城市的单位土地面积 GDP 均低于 10 000 万元/km²，其中重庆市的经济活动强度最低（1348 万元/km²）（图 7-28）。从整体的平均值上看，各重点城市的单位土地面积 GDP 都呈现增长的趋势，且增长幅度大。珠三角、长株潭、成渝和武汉城市群的重点城市增长幅度均高于重点城市的平均水平（图 7-29）。其中佛山增长最快，10 年间增长了 438.05%，北京和上海最慢，但是也增长了 211.01% 和 198.66%。同时说明上海和北京等发展历史较长的大都市，增长速度不如佛山、东莞和重庆等新兴发展城市。

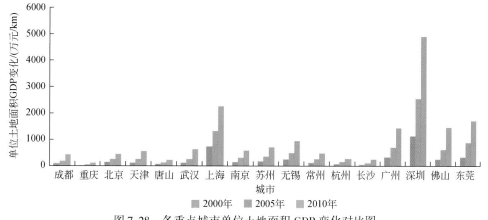

图 7-28 各重点城市单位土地面积 GDP 变化对比图

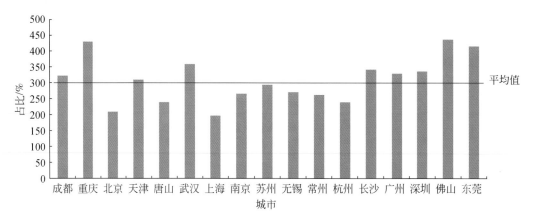

图 7-29 各重点城市单位土地面积 GDP 增长率对比图

珠三角重点城市，广州市单位土地面积 GDP 随时间变化呈持续上升态势，其中主要增幅集中在 2003～2010 年。深圳市单位土地面积 GDP 随时间变化增加明显，其中，2000～2002 年小幅增加，在 2002～2008 年上升态势明显。东莞市主要增加态势在 2003～2008 年，其后在 2008～2010 年增加幅度趋缓。2000～2010 年，长株潭重点城市长沙市区的经济强度增加了几倍，说明在此期间，长沙市区经济呈现快速增长趋势，尤其在 2005～2010 年增长更为迅猛。成渝重点城市，成都市单位土地面积 GDP 增长比较迅速，由 2000 年的每 km² 1059.72 万元增加到 2010 年的 4480.49 万元，年平均增长速率达 29.35%。可见，十年来成都市经济活动强度较高，这与成都市城镇化快速发展有关。从整体上看，武汉重点城市亦呈现逐年上升的趋势，从一定程度上说明武汉市经济活动强度逐年增加。从整体的平均值看，京津冀重点城市的单位土地面积 GDP 呈现幅度较大的增长趋势，京津冀重点城市的土地面积 GDP 从 2000 年的 1176.42 万元/km² 上升到了 2010 年的 4189.06 万元/km²，平均每 km² 增长 2722.92 万元，平均每年增长 23.28%。长三角 6 个重点城市单位土地面积 GPD 都明显增加。近五年（2005～2010 年）比前五年（2000～2005 年），单位土地面积 GDP 增加程度明显加大，其中，上海的单位土地面积 GDP 一直远高于其他城市。

7.6.5 大气污染

2000～2010 年重点城市的大气污染状况得到有效的防控和治理，空气污染物主要表现为 SO_2 和烟粉尘，这两种空气污染物的排放都有明显的降低。重点城市之间的大气环境状况有较大差异，且不同空气污染物的区域分布不同，SO_2 和烟粉尘污染程度空间分布有较大的差异。总体而言，珠三角重点城市的 SO_2 污染相对最为严重，深圳、佛山和东莞的单位土地面积 SO_2 排放均明显高于重点城市平均水平，其中深圳的单位土地面积 SO_2 排放最高，在各时期均高于 50 000kg/km²。长三角的上海 SO_2 污染也相对严重，2000 年的单位土地面积 SO_2 排放为 51 537kg/km²。2000～2010 年重点城市的 SO_2 污染程度主要呈现下降的变化趋势，具体表现为两种变化情况：北京、天津、广州、长沙和成都的单位土地面积

SO_2排放在十年间持续均匀地下降；其他城市在前五年大幅度上升，后五年再大幅度下降，这表明各区域已经分别采取了有效的SO_2污染防控和治理措施，但不同区域采取措施的起始时间不同，治理力度也有所差异（图7-30）。

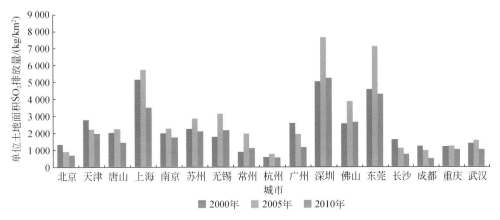

图 7-30　2000～2010 年重点城市单位土地面积 SO_2 排放量

除SO_2外，各城市的烟尘污染情况也有较大的差异，唐山在各时期均处于重点城市单位土地面积烟粉尘排放量的首位，粉尘污染最为严重。东莞、成都和天津的粉尘污染也明显高于其他重点城市，而深圳和杭州则始终保持相对较低的烟粉尘排放量。2000～2010 年烟尘污染同SO_2一样得到了较好的防控和治理，除佛山外，各城市的烟粉尘排放量均呈现明显的下降趋势，并且大部分城市在十年间呈现持续的下降变化，这表明各城市对粉尘污染有足够的重视，相比于SO_2得到了更早和有效的防控和治理（图7-31）。

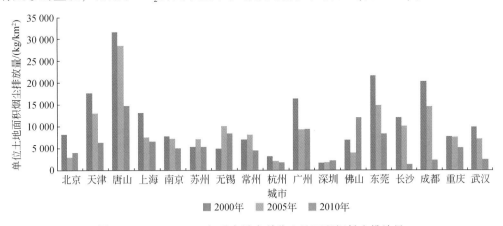

图 7-31　2000～2010 年重点城市单位土地面积烟粉尘排放量

7.6.6　水污染

2000～2010 年重点城市的水污染状况也得到有效的防控和治理，水的主要污染物为

COD 和氨氮，这两种水污染物的排放总体都呈下降的趋势。重点城市之间的水环境状况有较大差异，且 COD 和氨氮污染程度空间分布有较大的差异。总体而言，珠三角 4 个重点城市的 COD 污染程度均高于其他重点城市，尤其是东莞在各时期的单位土地面积 COD 排放量均高于 50 000kg/km²，而珠三角区域外的其他重点城市的 COD 排放量在各时期均低于 20 000kg/km²，其中长沙市的 COD 排放量最低，在各时期的排放量均低于 2000kg/km²。2000~2010 年，除成都外，各重点城市的单位土地面积 COD 排放均表现出下降的趋势，其中京津冀与长三角城市群大部分的重点城市均有一个先升后降的过程。上海的下降幅度最大，下降了 68%，从 2000 年的 10 928kg/km² 下降至 2010 年的 3406kg/km²，这主要是由于 2000 年之后长三角区域对于环境保护方面的经济投入明显加强，并且上海市政府在 1998 年引入并落实了循环经济（Zhang et al.，2011）。深圳下降幅度也达到 40%，从 2000 年的 50 186kg/km² 下降至 2010 年的 30 516kg/km²。表明虽然十年间各城市对 COD 污染都进行了有效的治理，但不同城市采取措施的起始时间不同，治理力度也有所差异（图 7-32）。

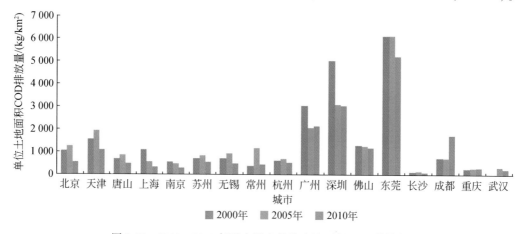

图 7-32　2000~2010 年重点城市单位土地面积 COD 排放量

作为"世界工厂"的东莞，其经济发达，人口众多。由于制造业发达，水污染物 COD 排放强度在重点城市中居于首位（图 7-33）。土地面积 COD 排放在 2000~2007 年波动上升趋势明显，其中在 2000~2006 年工业 COD 排放变化缓慢，2007 年呈快速上升态势。2007~2008 年排放量快速下降后，变化不明显。其生活 COD 排放量下降态势明显，其中，2000 年及 2003 年排放量相对较高，分别为 24.95 t/km² 和 23.23 t/km²。2004~2008 年变化不明显，其后至 2010 年生活 COD 排放量快速下降。

同 COD 污染情况一样，水体氨氮污染情况在重点城市之间也有较大的差异，总体而言，珠三角 4 个重点城市和长株潭的长沙的氨氮污染程度均明显高于其他重点城市，这些城市的单位土地面积氨氮排放量约为 4000kg/km²，而其他城市的氨氮排放量均低于 2000kg/km²。2000~2010 年，除长沙和重庆外，各重点城市的单位面积氨氮排放均表现出下降的趋势，并且十年间呈现持续下降的变化趋势，其中珠三角城市群的深圳和广州的下降幅度最大，一方面是由于该区域氨氮排放量基数较大，另一方面也显示该区域的水体氨氮污染得到了有效的控制和治理（图 7-34）。

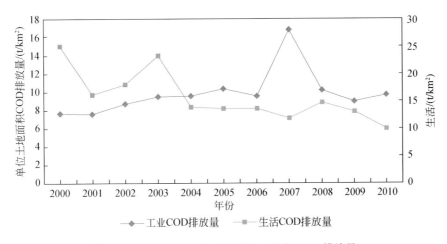

图 7-33　2000~2010 年东莞市土地面积 COD 排放量

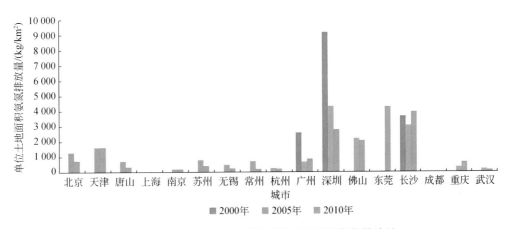

图 7-34　2000~2010 年东莞市单位土地面积氨氮排放量

7.6.7　热岛效应

2000~2010 年，重点城市的热岛强度总体上有所下降，重点城市间的热岛强度及变化趋势有很大差异。京津唐、长三角、武汉和长株潭城市群的重点城市的热岛强度相对高于珠三角和成渝区域的重点城市，其中北京的热岛强度最强，在各时期其热岛强度均接近于7℃，杭州次之，各时期的热岛强度也均超过6℃，重庆的热岛强度最低，各时期的热岛强度均低于 1.5℃。从变化趋势看，2000~2010 年重点城市的热岛强度总体呈下降的趋势，反映了"城市–郊区"地表温度差距在缩小，城市化的进程导致"城市–郊区"地表覆盖格局和人类活动的差异变小（Shen et al.，2016）。但不同城市间热岛强度变化有较大的差异。长三角城市群的城市整体热岛强度下降幅度明显高于其他重点城市，尤其是苏州十年间的热岛强度下降了 2℃。京津冀区域的城市表现出波动下降的变化趋势，唐山十年间的热岛强度也下降了 1℃。成渝、武汉和长株潭城市群的重点城市的热岛强度下降相对较低，而珠三角城市群的重点城市十年间热岛强度表现出持续的上升趋势（图7-35）。

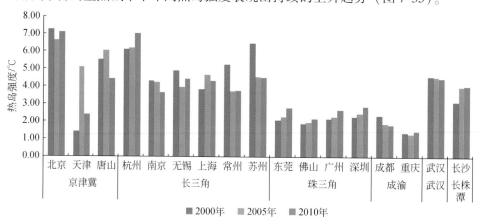

图7-35 2000～2010年重点城市热岛强度变化

7.6.8 固体废弃物

2000～2010年重点城市的固体废弃物产生强度均有一定程度的上升，城市固体废弃物的处理成为城市所面临的一个重要生态环境问题（Costi et al.，2004）。城市之间由于发展模式等因素的不同而表现出明显差异。唐山作为重工业城市，其工业固体废弃物产生强度最大，2010年的单位土地面积的固体废弃物的排放量达到了7028 t/km²，其次为上海，排放量达到3861 t/km²，成渝城市群的重点城市固体废弃物产生强度最低，排放量始终低于100 t/km²。2000～2010年重点城市的单位土地面积固体废弃物排放除长沙、成都和重庆之外，各重点城市的排放量均呈现持续上升的变化趋势。重点城市中，苏州固体废弃物排放强度增长最快，从2000年的492 t/km²增长到2010年的2598 t/km²，增长了4倍多。其次为唐山，2000～2010年增长了2.26倍（图7-36）。

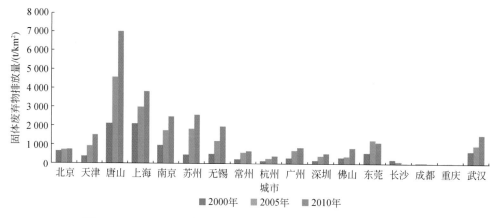

图7-36 2000～2010年重点城市单位土地面积固体废弃物排放量

第 8 章 主要结论与对策展望

8.1 主 要 结 论

　　基于2000~2010年全国、城市群和重点城市三个尺度的调查评价结果，本章汇总了全国尺度、6大城市群和17个重点城市的主要研究结论；针对城市化过程及其对生态环境的影响，从国家、区域和城市三个层面提出了城市发展的对策与建议。

8.1.1 全国尺度：所有地级市

　　2000~2010年，我国各地级市的城市化水平明显提高，但区域间城市化水平差异显著，且四类城市化水平提升程度不同：京津冀、长三角和珠三角等发达地区的城市化水平在两个阶段都比较高，西部地区城市化水平较低；经济城市化水平较之于规模城市化、用地城市化和人口城市化水平，提升最多，人口城市化水平提升最少。从规模城市化角度来看，全国各地的人口规模、经济规模以及用地规模都有显著提高，早期规模较大的京津冀、长三角以及珠三角等地，其规模得到进一步扩大。从经济城市化角度来看，全国各地级市的人均GDP、人均财政收入以及人均工业生产总值等经济指标都有显著提高，但第三产业比重十年间没有明显变化，说明虽然我国经济水平整体得到提升，但产业结构有待进一步优化。从人口城市化角度来看，各地级市市辖区的人口密度没有明显增加，但各地级市的城镇人口比重提高，且各地教育水平提升，教育投入增加显著。从用地城市化角度来看，各地级市的人均居住面积与人均道路面积都有显著增加，且人均道路面积比人均居住面积增加幅度大。

　　十年间，我国各地级市的生态环境有所好转，但区域间变化有差异，且四类生态环境影响的改变程度不同：长三角、珠三角等经济发展水平较高地区的生态建设和环境治理较好，西部地区的生态占用及环境污染较少；除生态占用外，全国各地的环境污染、环境治理以及生态建设方面都有趋好态势，且环境污染方面转好趋势最明显。从生态占用的角度看，除西部少数地级市外，广大平原地区地级市的人均生态用地面积以及生态用地比例都有明显减少。但从生态建设的角度来看，各地级市的人均绿地面积以及建成区绿化覆盖率均有明显增加，且京津冀、长三角及珠三角等发达地区增加较多。说明一方面由于人口增多与经济发展，各地生态环境受到一定影响，另一方面国家和地区对于生态环境保护的意识也在增强。从环境污染角度看，全国各地级市的工业废水、工业烟尘以及工业二氧化硫等排放量都有显著降低，但经济较发达地区污染物排放量相对较大，可能是由于人口聚集度高所致。从环境治理角度看，全国各地级市的固废处理率、生活污水集中处理率等均有所提高，单位 GDP 的各类污染物排放强度则有明显降低。说明环境污染程度有所缓解，而环境治理水平有所提高。

不同规模、不同区位及不同定位的地级市其城市化水平和生态环境效应差别较大。比较不同规模的城市，发现规模等级高的城市，其城市化水平相对较高，污染物排放总量大，生态占用较多；但规模较大城市的污染物排放强度、能源消耗强度比小规模城市低。从不同区位来看，东部地区城市的城市化水平高于西部地区，污染物排放强度也较低；北方城市的大气污染与垃圾污染比较严重，南方城市则是水污染更为严重；沿海沿江城市的城市化水平较内陆城市高，但其水资源占用和水污染问题也更为严重。从城市的不同定位来看，城市群城市的城市化水平与生态建设水平较高，但这些城市对郊区生态用地的侵占更多；资源型城市的用地城市化水平较高，且对环境污染与资源消耗影响较大；老工业城市污染物排放总量大，污染物排放强度高，资源消耗的强度也较高；环保卫生城市以及生态园林城市的经济城市化水平明显高于其他城市，且污染物排放强度与资源消耗强度均较低；生态省下辖城市的污染物排放总量及生态占用量低于环保卫生城市和生态园林城市。

8.1.2　城市群尺度：6 个典型城市群

近三十年来，我国各城市群城市化进程显著，但存在明显的时空分异特征，总体表现为 1990～2010 年的城市化速度高于 1980～1990 年；东部沿海城市群的城市化水平明显高于中西部内陆城市群。三十年来，我国人口城市化与土地城市化均有较快发展，沿海地区速度均高于内陆地区。但是我国城市土地利用效率不高，近十年来我国土地城市化速率一直高于人口城市化速率，城市建成区的扩张还属于粗放式增长，因此，合理提高城市用地的集约利用程度是我国城市化建设的迫切需求。我国经济城市化进程也很显著，各城市群国民生产总值在不断增长，东部沿海的 3 个城市群的 GDP 总量均高于中西部的 3 个城市群。从产业结构来看，基本呈现第二产业和第三产业比重上升，第一产业比重下降的趋势，部分发达地区已经进入城市化快速发展时期，其他地区仍处于第三产业发展速率低于第二产业的工业化后期阶段。

城市化过程中，城市人口膨胀与土地快速扩张不仅带来了经济集聚发展，同时也产生了一系列的生态环境问题。面对这些生态环境问题，各城市群实施了一系列措施并取得一定的成果，如植被情况得到改善、水污染与大气污染方面得到了一定程度的缓解；而我国面临的土壤重金属污染与酸雨问题仍然很严重，亟待改善。

城市化过程中人工表面的增加造成了耕地等植被景观破碎化程度加剧，但是城市化发达的地区也会采取措施改善当地生态质量。在 1980～2010 年，除珠三角城市群外，其他五个城市群都出现过植被斑块密度大幅度增加的阶段，快速城市化造成了植被破碎化程度加剧。同时除京津冀城市群与成渝城市群外的其他城市群也都出现了区域内植被覆盖比例降低的现象，反映了城市扩张对周围半自然与自然生态系统的挤占。而在 2000～2010 年，除长株潭城市群外的其他五个城市群植被斑块密度明显降低，并且单位面积生物量显著增加，说明在城市化发展进行到某一阶段后，由于经济水平的提高，城市内各种绿化措施的实施，城市化过程对生态质量起到一定的改善作用。

2000~2010 年，我国 6 大城市群河流水质均有不同程度的好转，主要表现为Ⅲ类水体以上的比例呈整体上升趋势。同时各城市群空气质量也有了很大进步，各城市群空气质量达二级天数均有增加。城市群土壤重金属污染问题没有得到明显改善，而酸雨频率和程度在大部分城市群均有加剧，汽车尾气中的氮氧化物成为酸雨主要成因。

由于科技与经济的发展，我国 6 大城市群的资源环境利用效率均有显著提高，并且东部沿海城市群资源利用效率明显高于中西部内陆城市群。由于城市化过程中城市人口的剧增，城市对于水资源和能源的需求也急剧增加，同时城市排放的污染物也远远高于周围农村地区。在 2000~2010 年，由于我国城市化模式逐渐从粗放型向集约型转变，环境资源配置得到优化，环境资源利用效率逐渐提高，各城市群资源环境利用效率逐年提高。各城市群水资源利用效率较高；而能源方面，虽然能源利用效率呈增加趋势，但是总体来看，各城市群能源利用效率相对较低；各城市群十年间污染物单位土地面积排放量均有显著降低。

城市化过程对区域内自然资源和生态环境会产生一定的胁迫作用。由于各城市群地理位置、人口规模和发展模式的不同，其对区域生态环境胁迫程度也各不相同，总体来看，东部沿海城市群对环境胁迫影响程度相对中西部内陆城市群较低，而社会-经济胁迫强度则明显高于中西部内陆城市群。社会-经济胁迫方面，除成渝城市群外，其他城市群人口密度均有显著增长，并且水资源开发强度、能源利用强度与经济活动强度都很高。除水资源开发强度是北方城市群高于南方城市群外，人口密度、能源利用强度与经济活动强度都呈现东部城市群明显高于中西部城市群的特征。

生态环境胁迫方面，由于不同区域生态环境特征和城市基础不同，不同城市群差距较大，整体来看，存在各城市群的生态环境胁迫影响程度于 2000~2005 年升高，在 2005~2010 年降低的趋势。

8.1.3 重点城市尺度：17 个典型城市

2000~2010 年，随着城市的快速发展，大批非城市人口进入城市，重点城市单位土地面积人口总量总体持续增加，即人口密度明显增加。与此同时，经济结构也发生了重要改变，总体上第二产业的比例降低，而第三产业的比例增加。虽然各重点城市的空间变化模式有所差异，但是各城市的主城区面积均有大幅度的扩张。其中不透水地表是各重点城市主城区的主体部分，不透水地表面的扩张主要以破坏原有的植被为代价。在城市化初期，不透水地表比例明显上升，但到后期则开始下降，而植被比例相对上升，表明城市化后期开始注重城市内部生态环境的建设和改善。

快速的城市化过程使得城市的人口、城市景观格局和物质、能量流动等方面发生了变化，进而也导致城市的生态环境产生了明显的变化，城市化初期城市生态环境受到的压力较大，但后期随着各城市内部格局的改善。例如，植被比例的相对上升，以及生产技术的优化和对环境保护投入的加大，各城市的生态环境压力总体有所缓解。2000~2010 年重点城市空气质量总体有明显改善（基于原来的空气质量标准），其达到二级的天数比例除成都外，十年间都呈现上升趋势。十年间，重点城市的酸雨污染程度总体加强，但是多数城市的酸雨频度表现出前五年明显上升，而后五年开始下降或者停止上升的变化趋势，表明各地区对酸雨的认识逐渐增强，相应展开了积极的治理，并取得了一定的成效。

城市化过程中，经济的快速增长会对资源产生过度的消耗，并且对环境造成破坏。但随着时间的发展，生产技术有了明显的提高和优化，人们对资源和环境保护的意识也逐渐加强，导致资源过度消耗和环境破坏的现象有明显的改善。2000～2010 年，各重点城市单位 GDP 的耗水量呈现持续下降的变化趋势，水资源的利用效率明显得到提高。除水资源外，能源利用效率也总体呈现上升趋势，2000～2005 年各重点城市的单位 GDP 耗煤量均持续降低。2000～2010 年重点城市的大气及水环境利用效率也有明显的提高，其中空气污染物主要有 SO_2 和烟粉尘，十年间各重点城市的单位 GDP SO_2 排放量均呈现持续且显著的下降趋势，尤其是 2000～2005 年排放量有明显的下降。与单位 GDP SO_2 排放量的变化相同，2000～2010 年各重点城市的单位 GDP 烟尘排放量均呈现持续且显著的下降趋势，且下降幅度超过 SO_2。而水环境污染方面，十年间各重点城市的单位 GDP COD 排放量亦均有大幅度的降低，表明各区域在经济发展的同时对大气和水污染均进行了有效的防控措施。

城市化导致的城市人口剧增，各重点城市的人口密度总体呈上升趋势，城市人口聚集及其产生的各种社会、经济活动对自然资源和生态环境产生了较大的压力，并且随着城市化进程，压力逐渐加强。2000～2010 年，各重点城市的经济活动都有明显增强，单位土地面积的 GDP 都呈现持续增长的趋势。同时各重点城市的水资源和能源的开发利用强度都有明显的增加，表明各城市均面临着水资源和能源胁迫，并且胁迫程度逐渐增强，其中北京、天津和唐山城市面临的水资源和能源胁迫相对更为严重。除资源胁迫外，各重点城市也面临着严重的环境胁迫，经济强度的加大以及人口的剧增导致重点城市固体废弃物的产生量总体增加。城市化进程导致郊区地表覆盖格局和人类活动趋向于城市，使得郊区的温度也有了明显的升高，城市–郊区的温度差异相对变小。但随着人们环境保护意识的增强，以及政府部门对环境污染的防控和治理投入的加强，城市化对生态环境造成的压力相对有所缓解，其中 2000～2010 年重点城市的大气污染和水污染状况都得到有效的防控和治理，空气污染物 SO_2 和烟粉尘以及水污染物 COD 和氨氮的排放都有明显的降低。

8.2 对策与展望

8.2.1 国家层面

根据《国家重大战略部署》规划我国城市群的数量和规模。切实深化党的十八大以来有关城镇化发展的重要战略部署，以"提高城镇化质量和加强生态文明建设"为目标指导，控制和规划我国典型城市群的城镇化模式和强度，进一步优化国土空间开发格局。

通过出台相关法律法规，严格贯彻《全国主体功能区规划》有关城镇化布局的实施。依据"两横三纵"的城市化战略布局，稳步推进我国城市群的发展。我国东部沿海的京津冀、长三角和珠三角 3 个特大城市群作为"全国主体功能区规划"中明确"优先开发区域"，要继续深化区域的社会、经济发展，引领带动我国其他城市群和大中小城市的发展，进一步扩大国际影响；我国中西部地区的武汉、长株潭和成渝城市群作为《全国主体功能区规划》中明确的重点开发区域，要以东部沿海城市群为示范，要继续加强城镇化发展，引领带动周边地区发展，对促进全国城镇化发展具有重要影响和示范意义。

8.2.2　区域层面

1）城市群的发展需立足于区位生态环境状况和发展优势，确定区域一体化的发展目标，并结合区位特征，编制每个城市群详细的区域发展规划。

作为我国优先开发区域的东部沿海城市群（京津冀、长三角和珠三角城市群），城镇用地比例高、人口密集，产业集聚，未来的城市发展建议通过明确划定城镇用地可使用范围和提高城镇土地利用效率，严格地控制土地城市化规模；通过提高户籍人口城镇化水平和提高第三产业比例，有效地提高人口和经济城市化水平。

作为我国重点开发区域中西部城市群（武汉、长株潭和成渝城市群），要因地制宜，根据各自区域的生态环境承载力特征，继续提高土地、人口和经济城市化水平。

2）针对不同城市群，出台相应的生态保护政策细则，加强对区域生态环境的保护。

近三十年以来，我国典型城市群区域的生态质量总体呈现不断下降的趋势。首先，大量耕地被挤占是这些区域土地城市扩张的显著特征和生态质量下降面临的主要威胁。因此，未来城市群区域的生态保护目标，要通过详细的政策规划，明确不同区域的耕地保护目标和范围。其次，要通过加强国家重点生态功能区环境保护和管理和划定生态红线的落实，控制和改善我国城市群区域的自然景观要素格局破碎化程度不断加剧的趋势。

3）加强推广科技创新举措，进一步提高我国城市群区域的资源环境利用效率。

城市群区域我国经济增长的核心和重要增长极，其资源环境利用效率明显高于我国其他大中小城市，但明显低于发达国家。因此，只有加强科技和社会经济发展的深度融合，才能进一步提高典型城市群的资源环境利用效率，对改善我国城市群区域环境问题至关重要。

4）积极调整地方政府角色，加强对城市群内部不同区域的协调管理。

我国行政等级的划分，在一定程度上制约了城市群不同区域的协同发展效率。因此，城市群区域，可以通过制定区域统一的发展规划目标，打破城市群内行政壁垒，加强区域的整体协调和互补合作。

8.2.3　城市层面

1）重视重点城市和非重点城市的协调发展。我国 6 个典型城市群内部，不同城市间的城市化水平、生态质量和资源环境利用效率存在明显的差异。其中，重点城市是城市群发展的核心，是每个城市群区域的经济增长极，对周边城市具有很大的辐射影响。因此，重点城市未来的发展不仅要加强对自身发展模式的优化，如建成区内部改造和资源配置优化，如新增城区的功能定位等，还要更加重视对周边区域的辐射影响。

2）严格控制重点城市土地城市化无序扩张的趋势，加强重点城市内部格局的改造和优化，提高人居环境质量；提高重点城市人口城市化和经济城市化水平，控制和改善对区域生态环境的胁迫影响，增加重点城市对周边的辐射作用和影响力。

3）加强非重点城市土地资源利用的科学规划，提高土地资源利用效率，优化人口和经济结构，提高人口和经济城市化水平，加大对科技创新的投入，提高资源环境利用效率，保护区域生态环境。

参 考 文 献

蔡昉.2007.中国流动人口问题.北京：社会科学文献出版社.

陈利顶，孙然好，刘海莲.2013.城市景观格局演变的生态环境效应研究进展.生态学报，(4)：1042-1050.

陈明星，陆大道，张华2009.中国城市化水平的综合测度及其动力因子分析.地理学报，64：387-398.

陈永林，谢炳庚，杨勇.2015.全国主要城市群空气质量空间分布及影响因素分析.干旱区资源与环境：
99-103.

陈中颖，刘爱萍，刘永，等.2009.中国城镇污水处理厂运行状况调查分析.环境污染与防治，31：
99-102.

邓红兵，陈春娣，刘昕，等.2009.区域生态用地的概念及分类.生态学报，29：1519-1524.

邓小文.1998.加强联合与协作 共创长江经济带世纪辉煌：长江沿岸中心城市经济协调会第九次会议综
述.长江论坛，(3)：25-27.

樊杰.2014.城镇化为何以城市群为主体形态.资源环境与发展，(2)：16-17.

范建红，金利霞，金丹华.2008.经济发达地区土地利用变化对生态环境的影响：以佛山市南海区为例.
热带地理，28：58-62.

方创琳.2011.中国城市群发展报告.北京：科学出版社.

方创琳.2012.中国城市群形成发育的政策影响过程与实施效果评价.地理科学，32：257-264.

方创琳，蔺雪芹.2008.武汉城市群的空间整合与产业合理化组织.地理研究，27：397-408.

方创琳，鲍超，乔标，等.2008.城市化过程与生态环境效应.北京：科学出版社.

冯之浚.2005.加强区域经济协作促进"中部崛起".科学学与科学技术管理，26：5-9.

付红艳.2014.城市景观格局演变研究现状综述.测绘与空间地理信息，37：73-74，77.

谷学明，王远，赵卉卉，等.2012.江苏省水资源利用与经济增长关系研究.中国环境科学，32：
351-358.

顾朝林.2011.城市群研究进展与展望.地理研究，30：771-784.

顾朝林，吴莉娅.2008.中国城市化问题研究综述（Ⅰ）.城市与区域规划研究，(1)：104-147.

国家统计局.2010.中国城市统计年鉴2010.北京：中国统计出版社.

国家统计局城市社会经济调查司.2011.中国城市统计年鉴.2010.北京：中国统计出版社.

何芳，吴正训，Fang H，等.2002.国内外城市土地集约利用研究综述与分析.资源与人居环境，(3)：
35-37.

籍国东，姜兆春，赵丽辉，等.1999.我国污水资源化的现状分析与对策探讨.环境工程学报，19：
85-95.

赖志斌，夏曙东，承继成.2000.高分辨率遥感卫星数据在城市生态环境评价中的应用模型研究.地理科
学进展，19：359-365.

李俊祥，王玉洁，沈晓虹，等.2004.上海市城乡梯度景观格局分析.生态学报，24：1973-1980.

李培祥.2008.广东人口城市化与土地城市化关系研究.安徽农业科学，36：12955-12958.

李双成，赵志强，王仰麟.2009.中国城市化过程及其资源与生态环境效应机制.地理科学进展，28：
63-70.

李月辉，胡远满，李秀珍，等.2003a.道路生态研究进展.应用生态学报，14：447-452.

李月辉，胡志斌，肖笃宁，等.2003b.城市生态环境质量评价系统的研究与开发：以沈阳市为例.城市
环境与城市生态，16：53-55.

刘彦随.2007.中国东部沿海地区乡村转型发展与新农村建设.地理学报,62:563-570.

吕萍,周滔,张正峰,等.2008.土地城市化及其度量指标体系的构建与应用.中国土地科学,22:24-28.

马世骏,王如松.1984.社会-经济-自然复合生态系统.生态学报,27:1-9.

梅志雄,徐颂军,欧阳军,等.2012.近20年珠三角城市群城市空间相互作用时空演变.地理科学,32:694-701.

苗鸿,王效科,欧阳志云.2001.中国生态环境胁迫过程区划研究.生态学报,21:7-13.

仇江啸,王效科,逯非,等.2012.城市景观破碎化格局与城市化及社会经济发展水平的关系:以北京城区为例.生态学报,32:2659-2669.

苏泳娴,黄光庆,陈修治,等.2011.城市绿地的生态环境效应研究进展.生态学报,31:7287-7300.

孙丹,杜吴鹏,高庆先,等.2012.2001年至2010年中国三大城市群中几个典型城市的API变化特征.资源科学,(11):1401-1407.

谭术魁,宋海朋.2013.我国土地城市化与人口城市化的匹配状况.城市问题,(11):2-6.

田莉.2011.我国城镇化进程中喜忧参半的土地城市化.城市规划,35:11-12.

万本太,王文杰,崔书红,等.2009.城市生态环境质量评价方法.生态学报,29:1068-1073.

王如松,韩宝龙.2013.新型城市化与城市生态品质建设.环境保护,41:13-16.

王效科,欧阳志云,仁玉芬,等.2009.城市生态系统长期研究展望.地球科学进展,24:928-935.

吴琼,王如松,李宏卿,等.2005.生态城市指标体系与评价方法.生态学报,25:2090-2095.

吴雅丽,许海,杨桂军,等.2014.太湖水体氮素污染状况研究进展.湖泊科学,26:19-28.

徐鹏炜,赵多.2006.基于RS和GIS的杭州城市生态环境质量综合评价技术.应用生态学报,17:1034-1038.

杨海田.1986.在海洋的联合开发中建设环渤海经济区.海洋开发,(4):49-51.

杨华雯.2013.京津冀城市群城市竞争力评价研究.天津师范大学学位论文.

俞孔坚,乔青,袁弘,等.2009.科学发展观下的土地利用规划方法:北京市东三乡之"反规划"案例.中国土地科学,23:24-31.

喻锋,李晓波,张丽君,等.2015.中国生态用地研究:内涵、分类与时空格局.生态学报,35:4931-4943.

袁艺,史培军,刘颖慧,等.2003.快速城市化过程中土地覆盖格局研究:以深圳市为例.生态学报,23:1832-1840.

张皓雯.2015-06-26.城市群不再是"一群城市".国际先驱导报,网址为http://news.xinhuanet.com/herald/2015-01/12/c_133913551.htm.

张晓平.2002.我国经济技术开发区的发展特征及动力机制.地理研究,21:656-666.

张忠辉,杨雨春,谢朋,等.2014.松原市近20年土地利用景观格局动态变化.中国农学通报:222-226.

赵岑,冯长春.2010.我国城市化进程中城市人口与城市用地相互关系研究.城市发展研究,17:113-118.

赵涛涛,张明举.2007.成渝城市群城市综合竞争力比较分析.小城镇建设,(11):38-41.

赵勇,李树人,阎志平.2002.城市绿地的滞尘效应及评价方法.华中农业大学学报,21:582-586.

甄延临.2006.长三角、珠三角、闽东南城市群演化比较研究.兰州大学学位论文.

中华人民共和国国家统计局.2015.中国统计年鉴.北京:中国统计出版社.

中华人民共和国国务院.2006.国务院关于落实科学发展观加强环境保护的决定.环境科学研究,22:4-8.

周国华，朱翔，罗文章. 2001. 试论长株潭城市群开发区群体一体化发展. 城市规划学刊：47-50.

周仲高. 2007. 中国高等教育人口的地域性研究. 浙江大学经济学院学位论文.

朱凤凯，张凤荣，李灿，等. 2014. 1993-2008 年中国土地与人口城市化协调度及区域差异. 地理科学进展，33：647-656.

Antrop M. 2004. Landscape change and the urbanization process in Europe. Landscape and Urban Planning, 67：9-26.

Brunekreef B, Holgate S T. 2002. Air pollution and health. Lancet, 360：550-550.

Chen X, Zhou W, Pickett S T A, et al. 2016. Diatoms are better indicators of urban stream conditions：A case study in Beijing, China. Ecological Indicators, 60：265-274.

Costi P, Minciardi R, Robba M, et al. 2004. An environmentally sustainable decision model for urban solid waste management. Waste Management, 24：277-295.

Han L, Zhou W, Li W, et al. 2014. Impact of urbanization level on urban air quality：A case of fine particles (PM 2.5) in Chinese cities. Environmental Pollution, 194：163-170.

Huang G, Zhou W, Cadenasso M L. 2011. Is everyone hot in the city? Spatial pattern of land surface temperatures, land cover and neighborhood socioeconomic characteristics in Baltimore, MD. Journal of Environmental Management, 92：1753-1759.

Luo J, Wei Y H D. 2009. Modeling spatial variations of urban growth patterns in Chinese cities：The case of Nanjing. Landscape and Urban Planning, 91：51-64.

Marcotullio P J. 2001. Asian urban sustainability in the era of globalization. Habitat International, 25：577-598.

Shen H, Huang L, Zhang L, et al. 2016. Long-term and fine-scale satellite monitoring of the urban heat island effect by the fusion of multi-temporal and multi-sensor remote sensed data：A 26-year case study of the city of Wuhan in China. Remote Sensing of Environment, 172：109-125.

Tan M H, Li X B, Xie H, et al. 2005. Urban land expansion and arable land loss in China - a case study of Beijing-Tianjin-Hebei region. Land Use Policy, 22：187-196.

Wenjuan Y, Weiqi Z, Yuguo Q, et al. 2016. A new approach for land cover classification and change analysis：Integrating backdating and an object-based method. Remote Sensing of Environment：37-47.

Wu C, Davis D L. 1999. Water pollution and human health in China. Environmental Health Perspectives, 107：251-256.

Wu P L, Tan M H. 2012. Challenges for sustainable urbanization：a case study of water shortage and water environment changes in Shandong, China//Yang Z, Chen B. 18th Biennial Isem Conference on Ecological Modelling for Global Change and Coupled Human and Natural System：919-927.

Zhang H Y, Uwasu M, Hara K, et al. 2011. Sustainable urban development and land use change-a case study of the Yangtze River Delta in China. Sustainability, 3：1074-1089.

Zhang X, Yuanfang L I, Wenjia W U. 2014. Evaluation of urban resource and environmental efficiency in China based on the DEA model. Journal of Resources & Ecology, 5：11-19.

Zhou W, Huang G, Cadenasso M L. 2011. Does spatial configuration matter? Understanding the effects of land cover pattern on land surface temperature in urban landscapes. Landscape & Urban Planning, 102：54-63.

Zhou W, Qian Y, Li X, et al. 2014. Relationships between land cover and the surface urban heat island：Seasonal variability and effects of spatial and thematic resolution of land cover data on predicting land surface temperatures. Landscape Ecology, 29：153-167.

索　引